EXECUTION WITHOUT BOUNDS

執行無界！

沈柏宇 著

打破障礙，釋放潛能，
從內核到執行的全方位升級

商業變革浪潮中，
建構核心競爭力的無限可能

如何在競爭激烈的商業世界中脫穎而出？

與其瘋狂武裝自己，還不如建立強大團隊！

培養核心團隊精神 × 挖掘關鍵人才 × 提升執行力

打造全方位創新團隊，才是企業長期的競爭優勢！

目 錄

目錄

前言

　　在市場競爭激烈的當下，擁有卓越的團隊，才能成為有夢想、有未來的企業，而卓越的團隊，必須具有強烈的集體精神和共同文化。少數優秀員工帶領打拚的時代早已遠去，在真正的團隊中，每個人都是帶頭者和參與者，每個人都會貢獻全力去戰勝困難完成任務。擁有這樣的團隊，管理者才能體驗到經營帶來的幸福感，因為當團隊成為鐵軍，所有人就擁有了共同的信仰與靈魂，管理者擁有鐵軍的力量，就擁有了希望。

　　本書源自鐵軍團隊課程的內容，寫給每位追求卓越的企業團隊管理者，也寫給每一位有目標、有志願的團隊員工。鐵軍團隊課程自誕生以來，孜孜不倦地教導著企業團隊管理者注重團隊精神、培養執行文化，鼓勵凝聚大家的智慧和能量，去克服成長道路上的困難。正是由於對鐵軍團隊精神的學習和弘揚，才能有越來越多的企業塑造出良好、和諧、愉悅的工作氛圍，這樣的工作氛圍，不但能夠幫助團隊管理者實現所追求的目標，提高工作的效率，也能有效緩解團隊員工內心的緊張和工作的壓力。

　　本書凝聚了鐵軍團隊課程的精華部分，共包括九個篇章。其中，第一章論述鐵軍團隊的意義和價值，幫助讀者了解為何企業需要鐵軍團隊而非普通團隊。第二章強調班底的重要性，即只有先打造出鐵班底，才能擁有鐵軍團隊。第三、第四、第五章重點圍繞培養團隊的執行力，分別論述了提高執行力的價值和步驟，幫助讀者深入了解如何將團隊打造為團結的鐵軍。第六章論述如何在團隊中打破成員的私心，破解團隊凝聚的隔閡。第七章分析團隊能量提升的途徑，使團隊管理者能有效引導成員的情感投入，匯聚每個人的正能量。第八章則展示了團隊學習的方法，幫助管理者了解如何透過學習，不斷維繫團隊前行的動力。第九章則分析了知名案例，剖析了他們從員工成長為企業鐵班底的歷程。

　　本書除了理論分析之外，還結合商業競爭與課程培訓中發生的具體案例，向讀者展現了各類企業團隊的管理營運經驗。

　　團隊精神，能使團隊離成功越來越近，能讓管理者更加懂得如何與員工相處，也能促使企業員工不斷挖掘自身潛力，更快樂地投入工作。更重要的是，透過學習鐵軍團隊精神，將有越來越多的人透過工作，成為受人尊敬、受人喜愛的人。

團隊精神，其內涵在於美好的人性，其目標在於未來的成就。它將透過本書的傳遞，盡力幫助每個人，使更多企業收穫與以往截然不同的美好體驗。

第一章
再強大的企業，也少不了一支鐵軍

　　每個企業都在奔向強大的路上。強大的因素，並非僅源於資本、機器、技術、產品，也不能只憑藉對市場的觀察、對競爭對手的熟悉、對客戶的了解，更不可能單純依靠一個人、一件事、一次行銷、一次合作……

　　企業的真正強大，來自「人」的強大。各種背景的人才受到團隊管理的影響，他們究竟是凝聚成為一支鐵軍，還是日漸渙散，變得分崩離析？這個問題，影響著企業的未來。

01
真正厲害的企業，都會打造強大的團隊

什麼是企業？企業是基於內部合作而形成的商業組織。

什麼是團隊？是指一群互助互利、團結一致的人，他們為統一的目標和標準持續付出、共同努力。

真正厲害的企業，都會打造強大的團隊。團隊穩定，企業穩定。團隊建設目標一致、不斷發展，企業將蓬勃生長、無往不利。企業的管理者必須將打造強大的團隊視為己任，才能從團隊的強大中獲得回報。

某企業創始人曾說：「有很多優秀的人才。這些人才好比一顆顆珍珠，需要一根線把他們串起來，組成一條美麗的項鍊。」企業想要不斷強大，不可能只依靠創始人的一己之力，也無法將希望寄託於少數幾個員工身上。管理者必須找到優秀的人才，將他們組成強大的團隊，使企業擁有戰無不勝的鐵軍。

打造強大團隊，企業才有未來

企業是商業組織，但並非只是一群想賺取利潤的人。企業團隊與普通群體存在區別。在那些強大的企業裡，團

隊是由員工和管理者組成的共同體，這一共同體更強調個
人的主動性，利用每個員工的知識和技能工作、解決問
題，達到共同目標。否則，企業將只有成群結隊的工作群
體，而談不上團隊管理。

1. 團隊的構成要素

　　企業打造強大團隊，首先應確認團隊的構成要素。團
隊有五個重要的構成要素，分別是目標、人員、定位、許
可權和計畫。

　　團隊應樹立既定的目標，指引團隊員工，使他們清楚
努力的方向。缺乏目標，團隊就無法成立。

　　團隊應擁有足夠的人員。人是團隊最核心的力量，人
員的選擇和配備是建設強大團隊不可忽視的過程。

　　團隊的定位具有兩層內涵，首先是團隊處於什麼位
置，其次是團隊中的員工，負責扮演什麼的角色。許可權
是促成團隊實現目標的保障。計畫則是指引團隊整體方
向。只有在計畫的預先約束和實際引導下，團隊才能一步
一步地貼近目標，透過實現目標來獲得成長。

2. 強大團隊的特徵

　　強大團隊與普通群體的區別，主要展現在如下幾個
方面。

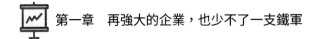

（1）領導方面：普通群體的領導權力結構性中心化，一兩個人主宰任何事務。強大團隊則非如此，尤其當團隊發展到成熟階段時，其內部事務的決策權往往是經過明確劃分共享的。

（2）目標方面：普通群體目標只強調團體的目標，強大團隊透過分配和引導，使員工將個人目標和團隊目標合而為一。

（3）合作方面：普通群體的合作程度通常不高，某些情況下，員工還會互相對立。強大團隊則著齊心協力。

（4）責任方面：普通群體的主要責任總是歸屬於管理者。強大團隊中，除了管理者需要負責外，每個團隊員工都會對各自的工作負責。

（5）技能方面：普通群體員工的技能可能重複，即便技能不同，並未經過組合形成合力，在強大團隊內，員工技能總是互補的，有意識地將不同知識、技能和經驗的員工整合在一起，形成有效的角色互補，實現整個團隊的組合。

（6）結果方面：普通群體的工作結果，是每個員工績效的相加。強大團隊的工作結果或績效，則由每個員工共同合作完成，遠高於個人工作的相加。

擁有強大團隊，企業才能擁有未來。而建構強大團隊，必須將團隊精神作為重點。

強大團隊精神，是企業文化的精髓

優秀企業千姿百態，其相同點是強大的團隊精神。打造團隊精神，員工才會齊心協力，企業才能茁壯成長，反之，則會是一盤散沙。

許多人容易將團隊和工作小組、部門混為一談，但它們存在區別，團隊精神是重要關鍵。

在很多企業內，部門、小組只是將工作目標分給個人，本質上只注重個人任務，並未強調共同的精神追求，小組、部門的工作目標只是個人目標的總和。在這種環境中，員工們很難形成團隊精神，他們不願為結果負責，也不會嘗試獲得合作帶來的效應，企業的建設和發揚無從談起。

真正的團隊精神，能凝聚整個團隊。在這裡，每個員工都分享資訊、觀點和創意，他們共同決策、彼此幫助。因此，每個員工都能感受到彼此的吸引與認同。

尤其是現代企業經營模式下，更需要團隊團結合作。面對激烈的市場競爭，企業想要立於不敗之地，最關鍵的

是應具有市場認可的品牌、良好的服務體系、領先的產品品質，這些因素誕生於生產、服務、行銷和推廣過程中，凝聚著所有員工的心血和汗水，取決於團隊執行。缺乏團隊精神的企業，將會失去方向，無論其規模、背景如何，都將在競爭中失去方向感和自我定位。擁有堅強團隊精神的企業，才能走得長遠。

從員工個人成長來看，也不能缺少團隊精神，團隊合作是個人成長的必然。企業著重培養團隊精神，既是為企業本身提供打造源源不斷的動能，也是為每個員工開拓學習展示的舞臺。當新員工進入企業，感受到團隊精神，就會珍惜各自角色，努力提升能力，豐富工作經驗。當新員工逐步成長為老員工時，他們又會將團隊精神繼承發揚。

在這樣的企業中，員工具有獨當一面的責任感和魄力，也懂得合作的重要性，他們每個人都清楚自己與企業的關係。

總之，團隊精神是企業核心競爭力的源泉，市場競爭也就是團隊精神的競爭。

團隊精神不只是集體意識，更有種種細微差別。集體意識要求個體利益為集體利益犧牲。在優秀的企業內，員工的誠信、團結、創新等特質，都是發自內在且高度自律

的，不可能在單純強制條件下形成與發揮，而是以個人自由、獨立和尊嚴為前提。團隊精神正以此為基礎，將組織變成了真正的整體。

在優秀的企業裡，強大的團隊精神發揮著重要作用，如圖 1-1 所示。

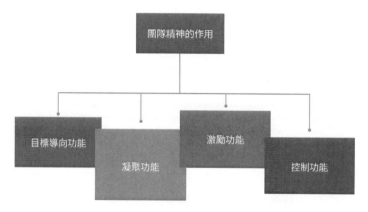

圖 1-1　團隊精神的作用

團隊精神的作用主要展現在如下幾個方面。

1. 目標導向功能

團隊精神讓企業員工齊心協力朝著共同目標努力。團隊想要達到的目標，即員工所努力的方向。企業整體的策略目標，透過團隊分解，而不斷形成各個小目標，在每個員工身上得到落實。

▋2. 凝聚功能

任何組織都需要凝聚力，在傳統體制下，企業透過內部層級化的行政指令，對員工進行管理，表面看似提高效率，實際上則漠視了員工在個人情感和社會心理上的需求。

透過團隊精神，企業能培養員工的群體意識，使員工在長期實踐中形成共同使命感、歸屬感和認同感。只有這樣，才能不斷強化團隊精神，再以凝聚力推動企業。

▋3. 激勵功能

團隊精神的形成和維繫，必須依靠員工個體與集體的自覺。透過鼓勵員工之間的競爭行為，使團隊精神進一步提升。

團隊精神帶來的激勵能量，會得到團隊員工的整體認可與重視。

▋4. 控制功能

企業想提升員工的工作業績，除了激勵與引導外，也離不開必要的控制。即便已成熟的員工，其行為也是透過所在環境內部的觀念引導、氛圍影響，實現自我約束、規範、控制等行為。

在優秀的企業內，控制並不是自上而下的，而是由控

製員工的行為轉向影響其意識，由影響員工的短期意識轉向對其價值觀和長期目標的控制。這種基於強大團隊精神上的控制，更具持久意義，更容易凝聚人心。

02
戰鬥力極強的鐵軍是企業發展的標配

在激烈的市場競爭中，管理者面對著巨大壓力，原因在於創業成功率遠不及普通人所想的高。想要獲得成功和發展，企業必須有戰鬥力極強的鐵軍團隊。

不可或缺的團隊戰鬥力

大海的澎湃源於吸納百川，地球的壯美在於包容萬物，企業前進的力量始於團隊的眾志成城。市場競爭猶如戰爭般激烈，僅靠一己之力的個人英雄時代，早已成為過去。要想讓企業獲得生機，管理者不僅要自己拚命努力，還應具有強大戰鬥力的團隊。

企業如同漂浮於商海中的艦船，隨時遇到驚濤駭浪和暗礁激流。管理者想帶領團隊衝出風浪抵達彼岸，必須將自己和員工變成命運共同體。這既離不開員工的努力，也

需要管理者將優勢最大化、風險最小化，確保以最快速度安全抵達港灣。

團隊的戰鬥力是極為寶貴的，每個員工都時刻保持戰鬥力，才能充分發揮潛能，積極溝通合作，為團隊壯大和企業成長貢獻力量。

同樣，管理者才能的發揮也必須藉助團隊戰鬥力而提升，再優秀的管理者，也需要團隊員工，缺乏團隊員工，管理者的規劃將難以帶來任何實質幫助。

強大的團隊戰鬥力終究會換來豐厚的成績，擁有強大的團隊戰鬥力，意味著團隊在工作中全力以赴、毫無保留。這是一種由個體成就集體的高效率工作節奏和狀態。只有不斷培養戰鬥精神，才能讓團隊中的每個人最大地發揮潛能，展現解決問題的能力，最終使整個企業長遠受益。

高戰鬥力的標準

企業需要怎樣的高戰鬥力團隊呢？如圖 1-2 所示，為高戰鬥力團隊的標準。

高戰鬥力團隊的標準主要包括如下幾個方面。

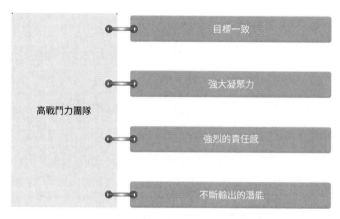

圖 1-2　高戰鬥力團隊的標準

1. 目標一致

　　如果團隊員工沒有目標，就會缺乏思考和行動，同樣，如果管理者不為團隊目標的指明方向，就會成為失敗的管理者。

　　當管理者和員工目標不統一時，思想就會渙散，再好的管理措施也無法得到執行，再強的個人能力也無法施展。

　　「目標一致」，並非簡單的口號，而是團隊建設過程中確保所有人不退縮、不遲疑的原則，管理者想要讓團隊充滿戰鬥力，就應該將整體策略目標充分解讀剖析，隨之落實到每個團隊員工肩膀上，形成具體目標。在目標分解過程中，團隊每個人應各司其職、共同努力，在合作基礎上，確保集中精力於共同目標。

▌2. 強大凝聚力

凝聚力正如握緊拳頭的力量，會比五根手指的力量要大。

高戰鬥力的團隊，有其獨特的凝聚力和向心力。管理者在帶領團隊時，要率先為員工做出榜樣。管理者應珍惜與團隊中每個人的感情，建立良好情感關係，再用良好情感關係去推動合作。

相互拉扯牴觸的員工關係，會破壞集體戰鬥力，進而減緩團隊發展。因此，當團隊內部的關係越來越順暢，開始形成與日俱增的凝聚力時，團隊也就建構出強大的戰鬥力基礎。

▌3. 強烈的責任感

責任感能戰勝人性的懦弱，能克制逃脫的衝動。當面臨艱難工作任務時，真正的員工不會互相推諉，也不會用「這不是我的責任」作為逃避藉口。相反，他們會因為高度的使命感，願意不斷創造出機會，為團隊爭取成功。

強烈的責任感，能幫助團隊戰勝困難，企業就不再只是「上班」的場所。

管理者在打造團隊時，不能忽視下屬責任感的培養。

否則，即便出現一兩個業績優秀的員工，也會因為對環境的不適應，責任意識淡薄，從傑出變得平庸，最終一事無成。管理者應教育員工隨時盡到自己的責任，確保員工充分意識到，無論是為了個人生存還是企業發展，都必須有責任做好自己該做的事情，進而嘗試完成更多的工作內容，實現目標。

▌4. 不斷輸出的潛能

　　每個員工都有內在的工作動力和能力，即個人的內在潛能。當他們的潛能被充分開發出來後，團隊員工就會變得與眾不同。他們將變得積極樂觀、精力充沛、思考深入、行為主動，而這些都是讓團隊戰鬥力迅速提升的必備要素。

　　管理者衡量團隊戰鬥力的高低，不僅要看其中每個員工是否能獨立完成工作，更要看他們在獨立完成工作過程中，是否積極展現個人的獨特價值，在日常管理和引導團隊員工時，管理者也應以此為訓練目標，幫助員工迅速成長和改變。

03
鐵軍團隊是企業營利的放大器

在商業競爭中，利潤是維繫企業生存發展的利器。追求合法合理的利潤，是市場經濟執行和發展的宗旨。在這一宗旨驅使下，企業如同高速運轉的機器，其中每個團隊都需要考慮如何抓住機會、提升產品品質、擴大行銷宣傳、積極開拓市場。

鐵軍團隊整合資源優勢

企業擁有日漸壯大的團隊，思考與追求營利的人也就越來越多。

日本曾進行過一項有趣的實驗。實驗組對 3 組分別由 30 隻螞蟻組成的蟻群進行追蹤觀察。觀察結果發現，其中大部分螞蟻能勤勞地尋找和搬運食物，但少數螞蟻卻總是無所事事，實驗組將這些少數螞蟻分類為「懶螞蟻」。

為判斷這些「懶螞蟻」究竟是否能改變，實驗觀察人員斷絕了整個蟻群的食物來源，並替「懶螞蟻」標記。他們發現，「懶螞蟻」很快地承擔起偵察兵的作用，帶領蟻群發現新食物源頭。

研究者最終認定,「懶螞蟻」並不懶,牠們只是在團隊中承擔著與眾不同的任務。牠們雖然沒有像「勤勞的螞蟻」那樣搬運食物,但牠們實際上將大部分時間花在偵察、發現和研究技能的提升上。因此,牠們能在危險來臨時,帶領團隊發現新食物。

　　只有「懶螞蟻」,或者只有「勤勞螞蟻」,蟻群都將滅亡。只有這兩種角色的螞蟻形成團隊合作關係,實現優勢互補,才能有效獲得「利潤」。

　　類似關係同樣存在於鴻雁群體。鴻雁在飛行時排成 V 字形,V 字形的一邊比另一邊要長,同時不斷更換領隊。為首的鴻雁負責在前面開路,幫助 V 字左右的鴻雁減少飛行的阻力。經過科學家試驗研究發現,成群的鴻雁以 V 字形飛行時,比一隻鴻雁單獨飛行,能多飛 12% 的距離。

　　如果普通螞蟻和「懶螞蟻」彼此不在同一團隊中,或雖然身處同一集體,卻未能形成應有的凝聚力,他們就難以透過合作帶來食物。

　　動物團隊如此,企業更是如此,想獲得更高的利潤業績,必須懂得發揮不同員工的優勢,使之以團隊形式密切合作,實現一加一大於二的效果。

　　企業需要能提供利益的員工,團隊需要能參與創造價

值的人，這是團隊建設的核心所在，也是企業管理的重點。無論何種才華的員工，都應進入團隊，成為創造利潤的一分子。對於充分整合內部資源、承擔放大利潤責任的團隊，管理者應加以重用，並對其優秀的經驗模式加以整合、複製和傳播。對尚未形成的團隊，管理者則應著重關注，尋找問題所在，對其人員、資源、組織形式、管理體制等方面予以有效改進，使之盡快成熟。

個人無法持續放大利潤

　　企業管理者應正確認識自己與團隊的關係。管理者面對利潤時，並不是孤獨的。在對利潤追逐的過程中，他們有下屬的支持，有其他同事的合作，他們不是孤零零地戰鬥。然而，在很多企業，類似事情經常發生。由於管理者缺乏必要的團隊意識，也缺乏足夠的號召力和影響力，往往導致團隊員工寧願得過且過，也不願意和管理者一起為提高利潤而貢獻力量。

　　不少企業管理者因此陷入孤軍作戰的情況。客戶出現問題進行投訴，下屬只知道把報告交上來。開會時，下屬一言不發，低著頭對筆記本發呆，只有管理者一個人在不斷修改內容方向，下屬只會按部就班根據流程行動……管理者會為此鬱悶不已。同樣是在追求利潤，為什麼別人的

團隊上下一心，而我的團隊只有自己在戰鬥？

的確，我們經常看見管理者為了提高利潤疲於奔命。他們日夜操心利潤與業績，當管理者如此事必躬親的時候，團隊其他人可能根本就沒有動腦或出力。而即便管理者能力出眾，他們個人的能力也終將是有限的。

歸根究柢，這種情形是管理者帶來的。

許多企業中，團隊管理者在職業生涯中都曾扮演重要的員工角色，養成了強大的執行能力，敏銳的學習意識，他們透過這些寶貴的經驗，獲得了升遷，於是不少管理者誤認為自己必須依靠這些經驗，獲取更大進步，即使帶領團隊，也無須有所改變。

於是，為了讓利潤業績有所提高，出現了親自操作細節的管理者，出現了認為下屬做不好乾脆自己做的管理者。他們總是履行本不應由自己負責的工作，甚至覺得這才是身先士卒。

然而，管理的真諦並非如此。

管理者確實應了解業務細節，了解操作技術，但他們的絕不是利用這些個人能力來提升利潤，他們更需要做的，是帶動團隊，將工作經驗傳遞給下屬，以締造更好的工作效率，吸引更優秀的下屬。

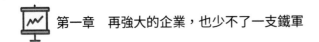

管理者的確應追求利潤，但他們應指引員工的成長道路，提供相應的工作資源。他們需建立團隊內部一致的觀點，與員工共同努力放大利潤，而不是孤身一人去衝鋒陷陣。總之，管理者應清楚自己的定位，才能帶領整個團隊為利潤戰鬥。

團隊放大利潤的途徑

團隊的優勢在於合作，當團隊共同面對問題時，內部會產生不同的觀點和解釋，再加上每個人不同、掌握的資訊不同，就更容易創造完善的解決方案，克服瓶頸。

透過團隊的合作，能創造更多利潤，這一過程主要由以下幾點展現：

1. 團隊多功能化

透過團隊內部不同員工的競爭，團隊能整合每個員工的專業技能和經驗，讓團隊組成變得更加多元。

2. 外部化

透過團隊合作程度的緊密，透過對外的不同「視窗」，了解到企業外部供應商、產業下游或競爭者的特色，並找出重點和問題，形成方案。

▌3. 領導力

在團隊的影響與回饋下，管理者的領導力將獲得成長。他們會更善於接受新觀點、更具備洞悉力，在和員工、上級、顧問、供應商、客戶和競爭對手的對話溝通中，管理者能更快地發現提升利潤的方案，在追求並實現利潤目標方面，他們也會更老練。

▌4. 分權與授權

管理者權力過度集中或分散，都會對企業利潤提升造成影響，身處團隊中，管理者就能因為良好的工作環境和工作氛圍，更適當地分配和授予權力。同時，高戰鬥力的團隊員工在充分運用授予其的職權時，也能更好地發揮潛能。

在團隊中，管理者利用分權，能更好地引導團隊員工知道自己需要做什麼，並可以運用自己的方式完成。這樣，管理者能集中精力在自己最擅長的領域，做其他員工無法完成的事，其他的任務則加以分派。

授權也是使團隊提升利潤的有效方法，團隊中，管理者能向團隊員工提供其完成工作所需的資訊，並進行頻繁溝通，圍繞預期結果提供精準指導。團隊員工也會將授權本身看作激勵，清楚自己和同事的責任關係。

透過團隊內的分權和授權，企業會比競爭對手展現出更高效率。

▎5. 培訓

任何一個員工獲取利潤的業務能力，都不可能是與生俱來的，而是來自管理者的引導和團隊環境的影響。培訓不僅對員工的能力成長有非常重要的作用，對團隊本身成長也有重要價值。例如，團隊對員工的培訓和選拔，同時也能提高團隊的應變能力，提升團隊營運的效率。

團隊透過對員工的不斷培訓，可以使自身保持整體而持久的利潤，獲取優勢，在競爭中領先。身處團隊，不僅能讓員工獲取新技術和方法，還能及時幫助他們確定個人成長的目標，減少浪費，提高工作效率。整個團隊會更深刻地領悟理解企業的經營策略目標和方針，目標一致，有利於團隊提高效率。

▎6. 思維提升

團隊的價值不僅在於其執行力，更在於每個員工主動負責的工作態度。在這樣的態度下，每個員工的觀點都會受到充分尊重，並得以與他人的觀點互動。

不同觀點碰撞的火花，能產生個人、集體和環境因素

之間的相互作用，這有助於建立企業競爭的多功能優勢，開闊企業管理者在複雜競爭環境下的視野，並積極開發目標競爭方案。

團隊員工都是普通人，他們有的性格暴躁，有的膽小怕事，有的愛占便宜，有的喜歡出風頭卻欠缺能力，但管理者不能因為他們的性格缺點而放棄，更不能因此將他們看成可有可無的。事實上，迴避他們的缺點，綜合他們的優點，管理者才有機會將他們組成強大團隊。

利潤追求無止境，學會整合團隊的力量，讓更多的員工為己所用，這才是真正優秀的管理者。

04
給你一個團隊，你該怎麼打造

成功打造團隊，需要技巧和時間。即便你是優秀的教練，也不可能在短短一兩週就打造出優秀團隊。任何期望能擁有強大團隊的人，都必須學習打造的必備能力。

下面這些要素，在打造團隊中必不可少。

讓目標變得清晰

有了清晰目標，團隊就有了明確的奮鬥方向，並獲得前進的動力。

怎樣的目標才能算清晰？可以用 SMART 原則進行判斷。清晰目標必須滿足五大要素，如圖 1-3 所示。

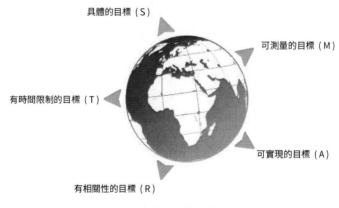

圖 1-3　清晰目標的五大要素

清晰目標的五大要素中，分別指出了目標的具體特點。其中，S 代表具體的（Specific），指目標應具體而不籠統；M 代表可測量的（Measurable），指目標可以量化成為具體數字；A 代表可實現的（Attainable），目標是在付出努力情況下能夠實現的，避免其過高或過低的可能性；R 代表相關的（Relevant），指目標和其他目標相互關聯，或

與企業整體的情況相關，不能脫離實際情形；T 代表有時限的，指目標應有時間限制，必須在規定的期限內完成。

團隊目標除了符合上述五點基本要素，還必須滿足以下四點要求。

1. 清晰明確

想要打造鐵軍團隊，就應讓團隊目標始終清晰明確，讓所有人知道應該做什麼事、達到什麼效果，從而積極地行動。

2. 實事求是

目標脫離現實，也就缺乏意義。管理者在打造團隊時，必須了解團隊員工，不能設立過高或過低目標，導致失去激勵的意義。當團隊完成目標後，員工將為此感到自豪，並更能積極地投入工作，激發團隊的凝聚力和戰鬥力。

3. 達成共識

目標不應該是團隊領導憑藉個人意志指定，必須和團隊員工達成共識。為此，管理者應該鼓勵員工參與，讓所有人都為目標的設定而貢獻力量。這樣能激勵員工，提高他們對目標的責任感，也避免了管理者導致目標和實際情況不符合。

如果團隊較大，無法讓每個人都參與，管理者也應在目標形成後，將目標內容及時公布，讓所有人都清楚，並接受來自團隊員工的回饋意見。如果有人對目標內容提出質疑，管理者也應耐心解釋，並進一步傾聽他們的想法。

4. 有效分解

想讓團隊目標得以實現，管理者應在開始執行之前，對目標進行分解。先分解到團隊內各個小組，再分解到每個團隊員工。透過目標的分解，能化難為易，降低目標的實現難度。

例如：某企業的年度目標為 3000 萬元。經理接到這一任務後，開始對目標進行分解。分解結果為經理本人負責完成 30%，即 900 萬元。7 名員工，負責完成其餘 2100 萬元，每人完成 300 萬元。其中 A 組 4 名員工，小組任務為 1200 萬元。B 組 3 名員工，小組任務為 900 萬元。經理又進一步指導各業務，將每人手中 300 萬元的任務，細化分解到一年中的 12 個月，確保每個人清楚各月目標，了解每個月應完成多少，有利於在期限內完成。

指標量化

團隊的工作如不能精準衡量，就無法成為好團隊。因為當衡量標準模糊不清時，員工將無法知道自己需要做出怎樣的結果。

例如，某部門經理安排員工設計活動方案，但沒有給出量化指標。員工很可能出現以下工作結果。

員工不清楚多長時間完成，活動方案遲遲無法完成，可能需要 1 天內完成，但他卻花了 3 天。

員工不清楚活動方案應寫多少字，導致原本 1500 字即可清楚表達的策劃內容，他卻寫了 3000 字。

員工不清楚活動方案包括哪幾項準備工作，導致方案中缺漏了相關的事項。

如果上述情況不斷在團隊中發生，管理者很可能對員工感到失望，團隊成長也將無從談起。但實際上，問題發生在團隊管理者身上。由於安排工作時沒有具體量化工作任務，造成了員工無法正確執行。

相反，給出量化指標，管理者才能實現掌控團隊執行效果，確保執行有條不紊地進行。

量化指標是團隊執行的標準，也是打造團隊行為的規範。有了正確標準和規範，員工在執行任務和追求目標

時，才會與團隊整體追求結果一致。量化指標是團隊執行過程的保障，也是評估團隊執行水準的依據，更是管理者對團隊執行方向的有效掌控。

管理者透過量化指標，打造團隊，可以有多種方法。其中主要包括以下兩種。

▌1. 時間量化

時間量化，給出具體的時間限制。例如，限制某個工作的起始時間，或者限定員工在某個時間段的具體工作內容等。

▌2. 品品質化

品品質化，即規定具體的品質要求。團隊在規定的時間內執行完成並非目標，而是需要切實的執行效果。這需要對品質加以量化。團隊管理者在對下屬安排工作時，需要對工作品質給出具體要求。

品品質化的方法，主要有如下幾種。

（1）抽樣量化檢查：如果無法對某一項工作的所有內容進行評估，可以透過抽樣檢查其中個別工作結果，來整體評估所有工作內容。例如，客服團隊每天都要進行的客戶服務，團隊管理者可以透過抽查客服團隊員工的服務，

就客戶滿意程度來進行檢查。

（2）誤差檢查：很多工作不允許誤差發生，一旦發生誤差，意味著不達標。例如，某產品合格率未能透過品質檢驗，可以看作執行過程出現問題。

（3）特殊獎勵：例如員工在工作期間，得到了客戶的表揚，即可以視為其工作優秀。

（4）滿意度：很多工作難以用精準、客觀的量化指標去評估，管理者可利用滿意度來描述員工。例如，企業的後勤團隊工作執行情況，可透過企業全體人員的滿意度調查來展現。

人才挑選、培育和鞏固

企業之間的競爭，歸根究柢是人才競爭。因此，企業管理者必須努力做好選人、用人、育人、留人四個環節的工作。

1. 選人

選人是打造團隊的最基礎工作，建立優秀團隊的第一步。

選拔團隊員工，需要正確觀念和指導思想。

（1）正確觀念：除了少數企業外，大多數普通團隊不應將學歷、資歷、年齡作為選人的必然門檻，也沒有必要建立太多的「硬性標準」，只有適當降低挑選的門檻，才能選到更多適合的員工。

選拔人才時，團隊很可能遇到選「優秀」者，還是「適合」者的問題，不成熟的管理者往往追求「優秀」員工，而忽略了他們究竟是否「適合」。

大多數情況下，團隊都應選擇更適合現階段的人才作為員工，並非那些看起來最好的人。

（2）指導思想：選人應耐心、細緻和嚴格，團隊管理者在徵才時，必須耐心細緻，嚴格遵循選拔的流程，避免盲目追求數量而忽視品質。

2. 用人

選拔優秀員工後，團隊管理者應學會用人，只有將人才用好，被選拔者的價值才能得到有效發揮。

在用人過程中，管理者應注重以下幾點。

（1）用人之長：管理者不應草率斷定某一員工一無是處，而是應多和團隊中不同人員接觸，關注其中每個人的特點，了解其特長。此外，還應適當了解員工的性格、脾氣、習慣等，為不同人才安排最能發揮其特長的工作。

（2）避免吹毛求疵：在用人過程中，不在細節上吹毛求疵。例如：關注員工的能力、經驗、責任感、人品，而不在無關緊要的小事上糾結。

（3）充分信任：「用人不疑、疑人不用」，當團隊管理者信任員工，才會大膽將工作交給他們，充分發揮他們的價值。同時，團隊管理者也能獲得時間和精力上的解放，做好自己的本職工作。

3. 育人

培育人才能提升團隊整體能力，也能有效留人。團隊管理者應重視人才培育工作，不斷提升人才能力，從而為企業創造更大價值。

（1）培訓育人：團隊應從實際需要出發，進行培訓。透過培訓，提高員工的能力和自身價值。為此，管理者在確定培訓內容時，應在團隊員工內進行調查，了解員工期待獲得哪方面的培訓，還應結合團隊發展需要，客觀評價團隊員工欠缺哪方面能力。

（2）教練育人：成熟的團隊管理者，應主動擔任團隊員工的教練。當員工發現並詢問問題時，管理者應進行啟發引導，激發他們的思考力，再監督和幫助他們找到準確的工作方法。管理者應以「帶」而不是單純「教」的方法，

不斷影響團隊員工，使他們主動發現更多新的思考視角、累積新的經驗，並以此提升整體工作能力。

（3）適當寬容：在團隊教練過程中，管理者應保持適當耐心，要允許員工犯錯，啟發他們從錯誤中學習。

4. 留人

團隊吸引和培育優秀人才加入團隊，只能看作成功的開始。如果無法留住他們，優秀人才就會成為企業的匆匆過客，難以保證團隊得到長遠發展。

想留住人才，團隊應注重運用以下方法。

（1）待遇留人：吸引和留住優秀員工的條件，是薪資待遇。在團隊中能力強、貢獻大的人，理應獲得更多收入。儘管提高薪資收入不是留住人才的唯一方法，但團隊必須設立績效獎勵措施，推行公平合理的薪資制度，鼓勵優秀人才創造好的業績，並得到與業績匹配的待遇。

（2）事業留人：團隊管理者能不斷用企業的願景和目標去激勵人才的使命感、責任心，讓他們將團隊的工作當成自己的事業。同時，團隊管理者應幫助員工做好職涯規劃，使他們和企業共同成長。

（3）職務留人：業績表現良好的員工，總希望能獲得晉升。例如團隊中的業務員工希望成為主管，主管則希望

成為經理。團隊管理者應利用這一人性，根據員工能力和業績表現，適時升遷。

對於暫時不能提拔的員工，還可設立榮譽，給予認可，以便鼓舞士氣、留住人心。

(4) 情感留人：管理者在帶領團隊過程中，想要留住員工，就應該從情感上關心。例如，主動和他們交流思想、了解困難、解決煩惱、化解壓力等，用真情挽留人才。

05
重新認識和打造你的團隊

給你一個團隊，你該怎麼打造？是按部就班地培訓，還是耳提面命地提醒細節，抑或不聞不問？這些方法其實都並非打造團隊的正確途徑。如果不能了解團隊特點、破解障礙，團隊管理者就會越來越累。

團隊管理者的困境

在過去以製造業為代表的團隊中，管理者只要確保生產線工人能按統一標準，製造出合格產品，就宣告團隊執行成功。然而，當今社會，已與當時不可同日而語。在智

慧經濟時代，消費者對於產品或服務的需求，越來越多樣化和個性化。普通產品和服務正在被市場拋棄，消費者希望自己獲得的是獨一無二的體驗。為滿足消費者個性化的需求，企業不得不絞盡腦汁，提升產品或服務的品質和效率，塑造品牌的專業度，以此博得消費者的忠誠。為了做到這些，管理者必須付出比以往更多的心血去。

當管理者面對一個團隊時，首先面臨的並不是一群必然服從你的下屬，而很可能是一堆潛在的難題和麻煩。同樣，團隊員工帶來這些問題，並非出於故意，其中很大部分可能來自環境。但是，如果管理者對此不加以重視，距離打造團隊的目標就會遙遙無期。

了解員工的新特徵

打造團隊，必須了解到團隊員工的特徵。

今天，年輕人的時代已經到來，雖然絕大多數年輕人所掌握的技術、經驗和話語權並不算多，但管理者必須承認，團隊的運轉無法離開這些年輕人，這些年輕員工知識豐富、精力充沛，不乏創意和挑戰思維，但與以前相比，他們絕不是一群「乖孩子」！

曾經有一位老闆說道：「現在的年輕人不可思議，都

不知道他們會因為什麼原因就辭職了。」另一位部門主管說自己深有同感，說曾經有位客服因為和男朋友吵架，就決定離職了。還有位員工說，自己想要離職，因為感覺工作不快樂，但他想要什麼樣的快樂，自己也不知道。

很多團隊管理者對此種現象並不陌生。他們發現想要像過去那樣，穩定地留住員工，已經變得越來越難。即便是那些薪資福利看起來不錯的企業，離職率也在變高。

其實，管理者無須對目前情形感到驚訝。從社會文化來看，那種提倡為一家企業奉獻一生的時代早已過去。新時代下，人們思想更自由、行為更開放，年輕員工的價值觀發生變化。他們篤信，「忠誠」就是在某個團隊裡待一天，就要全心全意為團隊貢獻一天力量，但是，「忠誠」並不是在這個團隊中待一輩子。

另外，年輕員工既追求優秀的工作成績，又崇尚「工作是工作，生活是生活」。他們既希望被接納欣賞，被周圍人看重需要，同時又渴望能充分表達自我個性，能保護自己和家人的利益。他們有時會透過開玩笑來自我化解壓力，但有時又能充分感受到激勵而奮鬥……今天的員工有著不同的個人追求，他們更注重工作本身帶來的樂趣，他們工作的目的是享受工作。

營造良好氛圍

管理者應該根據員工的特點，重視營造良好的團隊氛圍。

良好團隊氛圍，首先要有充分的競爭。競爭，其實有利於促進員工提高能力。適當的競爭壓力，能有效刺激員工，使整個團隊保持活力、提高業績。

管理者應怎樣營造正確的競爭氛圍呢？

1. 適當淘汰和晉升

團隊應堅持「能者上，不能者走」的用人風格，確保公平公正，定期將最差的員工淘汰。這樣就能製造競爭壓力，促使團隊不斷進步。

適當淘汰，並不會製造出團隊殘酷無情的文化。因為不僅是淘汰人員，更是晉升人才的依據，也是團隊挖掘人才潛能的有效手段。

2. 小組為單位的競爭機制

在規模較大的團隊裡，還可以將員工細分為獨立的小組，能有效激發各個小組組內的戰鬥力。

3. 鼓勵合作

　　營造競爭氛圍，也離不開合作的重要性。在團隊中，如果員工彼此之間只有競爭沒有合作，團隊就會變成一盤散沙各自為戰，失去凝聚力和戰鬥力。因此，競爭與合作理應並存。

　　在鼓勵團隊內競爭同時，管理者也應該鼓勵合作。對於那些在團隊中合作能力強、合作表現好的員工，應予以相應的獎勵。

第一章　再強大的企業，也少不了一支鐵軍

第二章
根深才枝葉茂，如何打造班底

　　沒有班底，就沒有團隊。團隊的基礎在於班底，組建班底，將能明確指定目標、穩固個人定位、提升認知境界，進而促進員工的整體成長。選擇正確人選建構班底，優秀人才的價值就能得到最大限度的發揮，管理者有效掌控團隊，將變得遊刃有餘。

01
班底的六大關鍵要素

傳統團隊管理觀念認為，團隊管理者，就是站在團隊最前面、帶領所有人前進的那一個人。而班底的團隊建設思想，是對這種觀念的直接挑戰。想了解班底構成的關鍵要素，必須首先明確班底的重要價值。

縱觀中外歷史，在競爭中獲取最終勝利的團隊，其成功並非依靠某一個管理者的個人力量，而是透過管理者建立班底後，再透過授權，發揮集體力量，實現完美組合。

班底的價值

楚漢之爭中，劉邦帶領漢軍取得勝利，關鍵依靠的並不是個人力量，而在於建立了張良、蕭何、韓信的三人班底。劉邦清楚自己在能力上的不足之處，將每項工作都交給比自己更擅長的下屬去打理，而自己則給予他們充分的支持和信任，從而形成了班底，這些人各有所專、各司其職，發揮了巨大作用。

謀士張良，是劉邦重要謀臣。在輔助劉邦成就大業的整個過程中，張良貢獻了許多計謀策略，劉邦因此說：「夫

運籌帷幄之中，決勝於千里之外，吾不如子房」。

相國蕭何，面對劉邦不安於被項羽限制在關中的態度，冷靜分析當時形勢，勸他不能逞一時意氣，而應休養生息、廣招人才、準備實力。在韓信即將逃亡時，蕭何又主動親自追回，力勸劉邦拜韓信為大將，從而為劉邦建立班底奠定基礎。

韓信則屬於班底中的軍事天才。他帶領漢軍不斷逆轉戰場形勢，將原本弱小的團隊潛能發揮到極致，並最終在垓下以十面埋伏，將不可一世的項羽徹底擊敗。

可以說，沒有班底的幫助，劉邦很難衝出漢中打敗項羽，開啟大漢王朝。對於班底的作用，劉邦也心知肚明。

當代成功的企業團隊中，絕大多數也建立了創始人自己的班底。

班底的作用價值高，組成難度大，任何一家企業都求賢若渴。幾乎每個管理者都在熱切盼望能發現專注、敬業、忠誠的高能力下屬，構成團隊的班底，但做到這一點其實並不容易。

想打造團隊的班底又並不容易。團隊員工來自不同背景，有不同的經歷，其能力特長、目標追求、價值觀、興趣方向、彼此信任度不可能完全一致，這為管理者識別和

挑選班底隊伍，增加了難度。團隊管理者必須經過不斷的識別、篩選，才能選中組成班底的備份人選，隨後進行考察、實踐、試用、培養，方可正式形成圍繞在自己身邊的班底。

　　打造班底固有其難度，但不至於無法踰越。絕大多數團隊無法順利打造穩定發揮作用的班底，主要原因在於未能真正開發出每個員工的潛能，未能激勵他們。其實，每個員工都有可能進入班底，為團隊貢獻力量。而其重要基礎，在於管理者理解形成班底的關鍵要素。

形成班底的六大關鍵要素

　　何為班底？回答這一問題，必須掌握六大關鍵要素。班底的六大關鍵要素，如圖 2-1 所示。

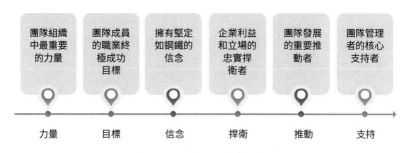

圖 2-1　班底的六大關鍵要素

班底的六大關鍵要素，可概括為如下幾個部分。

▌1. 團隊中最重要的力量

團隊內可以有成百上千名員工，可以分為年輕員工、資深員工和創始員工，還可以根據不同的工作業績、成本等特點進行區分。但在團隊中，最重要的力量永遠只有一群人，他們既是團隊發展的原動力，也是團隊發展中分享受益最大的員工，更是團隊中價值最高的人。

為此，管理者必須善於向員工宣傳班底的與眾不同，彰顯他們的重要性。透過日常灌輸、工作溝通和團隊文化，讓所有員工羨慕現有的班底，更要讓他們期待自己能成為這樣的力量。如果管理者能透過上述方法，充分突顯班底的核心地位，抬高他們的威望、放大他們的價值，其他員工就會更為推崇班底的價值，並嚮往加入他們。

▌2. 團隊員工的終極成功目標

進入團隊之初，員工會有各式各樣的目標。對於團隊管理者而言，必須引導員工將「進入班底」樹立為終極成功目標。

只有員工真正意識到班底是團隊內最重要的人、能獲得最大收益時，他們才會將自己做的每一件事，與是否能

進入班底連繫起來。他們才會用班底的標準，來衡量自己
所取得的每一次進步。當整個團隊的員工都有如此積極的
意識，他們的工作能力也會發生飛躍。

▌3. 擁有堅定如鋼鐵的信念

團隊員工不僅應將進入班底看作目標，還應將之放大
為對整個企業策略的堅定信念。這是因為員工的目標可能
發生動搖和變化，但堅定的信念會形成持續的動力。

管理者應幫助員工堅定相信自己有資格進入班底，管
理者不能忽視每個能強化員工信念的機會，不斷鞏固他們
的內心願望，才能使他們擁有堅定信心。

▌4. 企業利益和立場的忠實捍衛者

在組建班底過程中，管理者應積極發現那些忠實捍衛
企業利益和立場的員工。一方面，捍衛企業利益和立場，
是每個合格員工應盡的義務，只有完美履行義務的員工，
才可能有資格進入班底。另一方面，在所有捍衛企業利益
和立場的員工中，只有最忠實的人，才有資格成為團隊管
理者最信任的員工，並接受班底標準的挑選和培養。

捍衛企業利益和立場，不僅是班底對其中員工的篩選
條件，更是對員工目標的強化、信念的發揚過程。當員工

進入班底後，其個人利益與團體利益將和企業立場更為一致，班底將使他們成為團隊中的最佳核心。

5. 團隊發展的重要推動者

班底理是團隊發展的重要推動者。其中「推動」，包括兩層含義。

（1）品格：品格的力量往往大於權威。班底必須有優良品格，能在班底執行中考慮全面、顧全大局、善於服務，而不是在工作中爭奪私利、存有私心。

（2）能力：班底必須擁有比普通員工更高的能力，他們既擅長衝鋒陷陣，也能獨當一面。他們既能完成職責範圍之內的事情，又能隨時相互合作、彌補疏漏。

擁有這樣的特質，班底即可為企業發展推波助瀾，在關鍵時刻發揮重要作用。

6. 團隊管理者的核心支持者

如何判斷企業團隊內是否有了班底？答案是，觀察班底是否為團隊管理者的核心支持員工。班底必須主動樹立團隊管理者的核心位置，才能讓班底的價值得以充分發揮。

團隊應考慮兩個條件。

① 班底員工是否充分信任管理者。

② 班底員工是否真正佩服他們。

如果他們做不到完全信任和佩服，就很難對團隊管理者給以真正的支持。相反，有了信服，也就會表現出特別的遵從。遵從意味著尊重、信服。這樣的班底，會不折不扣執行團隊的命令安排，突顯管理者的核心角色。這是班底建構原則的重要基礎，一旦違背，就會影響整個團隊的管理效率。

班底員工對管理者核心地位的支持力，將能有效形成團隊集體的核心競爭力。無論對於何種公司的創始人、何種企業團隊的帶頭人而言，擁有了這樣的競爭力，都會產生強大的影響力。這樣，整個團隊在面對競爭對手時，也都會擁有更強的戰鬥力。

02
統一班底才無往而不勝

不少企業管理者認為，公司目的在於盈利。因此，資金、業務範疇、人才儲備、商業模式、市場機遇等，都是團隊競爭取勝過程中最具決定意義的因素。確實，有很多

團隊在成長過程中，由於重視和利用了這些因素，獲得了有效的成功。然而，如果想要讓團隊戰無不勝，甚至僅僅是想要讓團隊活得更久，這些因素都應退居次要位置。排在第一位的，應該是團隊班底的思想。

建構班底的基礎，是統一的思想。任何一個企業團隊，都有員工，也有主管，但這並不代表團隊必然有班底。真正有班底的團隊，無論員工還是主管，都會主動在思想上向管理者靠攏。工作中，他們會以管理者的目標為自己的目標，會將團隊的意志為自己的意志，以企業的策略為工作的意義。他們會努力跟隨管理者，推動團隊和企業的發展。

當團隊有了完美統一的班底，才能構築出確保團隊立於不敗之地的無敵班底。

思想統一的重要性

思想是行動的綱領，只有思想統一，才能建立班底。當團隊管理者和班底思想統一後，管理者與班底在行動方向和內容上將融為一體，班底代表了管理者，管理者也代表了班底。相反，如果雙方思想不統一，班底的行動就難以表明管理者意圖，管理者也無法完全信任和支持班底。

如果未能意識到統一班底思想的重要性，團隊管理者

就會感覺團隊內只有他自己在面對壓力，面對激烈的市場競爭，管理者明明提出了團隊策略目標，但團隊員工似乎還是在「悠哉」地工作，並未因此而感到壓力。管理者一再重申自己的各種想法，但團隊員工非但沒有弄清楚目標，反而出現了很多不同聲音⋯⋯

出現類似情況，會讓團隊管理者感到焦慮。但這僅僅是團隊員工的責任嗎？如果了解他們的真實想法，就會聽見類似的回應。

「上司的想法太多，每次開會就冒出新想法。」

「上一個想法還沒有落實，下一個想法就出來了，我們反應不過來。」

「不同場合，團隊管理者提出的目標願景都不一樣。我們不知道應該怎麼做。」

「上司說的，很多都是虛無飄渺的東西，我聽不懂也沒辦法參與，那就做好我的工作吧⋯⋯」

這些現象，其實是普遍存在的問題。團隊管理者有很多想法，但卻沒有意識到必須精準表達。如果團隊員工聽到的總是跳躍性、碎片化的思想，就會陷入「霧裡看花」的狀態，最終變成不予理會。這樣的情況不斷出現，就會形成惡性循環，導致矛盾越來越大，管理者和班底的工作方

向無法統一，致使團隊停滯不前甚至分崩離析。

沒有統一的理念，很難促成應有的和諧。團隊每做一件事，管理者都要花費大量時間和精力去溝通工作的意義、價值和方向、內容，這將嚴重降低執行效率。

正因如此，團隊建構班底的首要目標在於一致，即團隊管理者和班底的想法總是相似。

思想統一的方法

為什麼必須確保班底有統一的思想？思想統一，才是打造團隊的切入點。團隊的執行力，來自班底思想的統一，有了統一思想，才能有統一行動，形成步調一致的團隊。

對於團隊而言，思想統一的最高境界，就是將「班底」變成「同一個人」。

當然，所謂思想統一，並不是禁錮思想，也不是扼殺創新。統一班底的思想，並非讓班底內所有人都形成同樣的思維方式、思考方法和情感認知，而是在團隊管理者所確定的共同目標基礎上，做到步調協調一致。因此，可以存在多元性。

讓班底和團隊管理者的想法一致，應具體利用以下三大方法。

▌1. 打造被認可的團隊文化

班底必須認為團隊文化是先進的、符合發展要求並能代表廣大員工利益。這樣，班底才能與團隊管理者提倡的文化融合，產生積極的認同感。

為此，管理者必須從團隊出發，從被接受和認可的角度出發，去打造團隊文化，以吸引班底員工的加入。

▌2. 管理者應主動傳遞思想

班底只有認可團隊未來的設想、長遠的規劃，才能清楚自己在設想與規劃中應承擔的任務，才能去執行工作目標和具體任務。不僅如此，他們還需要深刻理解管理者對整個產業的觀察角度，學習管理者對商業模式的認知，從而真正追隨管理者的腳步。

管理者應善於發現機會，主動向員工傳遞團隊價值觀、團隊目標願景和團隊使命感三大方向。

團隊價值觀，是指團隊認為什麼才是正確的、什麼是錯誤的，什麼是需要的，什麼是應該被揚棄的。

團隊目標和願景，目標是指團隊應在短期獲得怎樣的成績，願景是指團隊應在長期達成怎樣的遠景。

團隊使命感，是指團隊員工如何看待自身承擔的責任與使命。

管理者想要讓班底員工接納並跟隨自己，就必須圍繞上述三大方向，形成具備個人特色並清晰易懂的思想。

▌3. 管理者主動宣揚經營理念

班底掌管整個團隊的經營，因此他們必須認同管理者的經營理念。包括管理者如何看待員工與團隊的關係、如何評價員工的價值、如何評估員工之間合作的方式等，也包括管理者對經營目標的方法、對經營手段的調整等。

管理者應隨時總結自己的經營理念，並抓住時機進行傳遞。例如：在解決問題、召開會議、討論目標、研究人事等場合中，可以提出自己就某個問題的看法，並對看法進行延伸，使團隊員工能結合具體工作情境而領悟。透過日積月累的溝通，團隊員工就會受到管理者理念的影響，進而轉變自身理念。

03
打造班底的六個吸引點

在打造班底、吸引優秀人才之前，管理者應該知道什麼樣的人有必要加入班底。答案一言以蔽之，即團隊的核心員工。

誰是團隊核心員工

對於核心員工，通常可以有兩種界定標準。

一種是以業務為主的界定標準，在該標準下，核心員工是指那些總是和客戶直接面對面進行洽談的人，可以將他們看作團隊的「形象代言人」。在具有技術門檻的團隊中，也包括那些核心技術人員。

另一種標準適用於綜合型團隊。在這種標準下，核心員工是團隊中10%～30%左右的員工，他們負責領導著團隊內80%～90%的技術和管理工作，創造了團隊大部分的利潤。無論他們人數多少，都是團隊的靈魂。

因此，如果管理者面對的團隊，是以業務性質為主要部分，那麼就應將業績最好的員工發展為班底。透過將他們變成班底，就能帶動整個團隊的業績。在這樣的團隊中，業績永遠是班底發揮的最大價值。

如果管理者身處綜合型團隊，或業務性質並不那麼強烈，班底內的員工通常更接近為知識性工作者。他們會將個人事業看得很重，比較理性，更喜歡追求成就感，有很強的責任感，也擁有相對獨立的價值觀。

無論何種標準，能進入班底的核心員工，其業績必然超過普通員工，經驗和態度也是突出的，為吸引這樣的員

工加入班底，管理者有必要向他們做出承諾，以激勵其
士氣。

塑造收益的吸引點

核心員工為什麼會想要加入班底？如果管理者不能從
員工角度去考慮，就很難吸引他們為此而努力。

管理者應使得班底員工獲得最大化的收益。班底員工
的收益構成，如圖 2-2 所示。

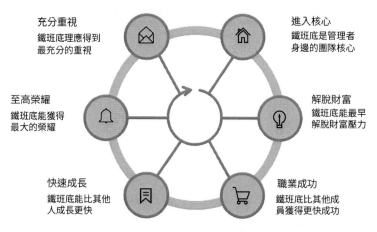

充分重視
鐵班底理應得到
最充分的重視

進入核心
鐵班底是管理者
身邊的團隊核心

至高榮耀
鐵班底能獲得
最大的榮耀

解脫財富
鐵班底能最早
解脫財富壓力

快速成長
鐵班底能比其他
人成長更快

職業成功
鐵班底比其他成
員獲得更快成功

圖 2-2　班底員工的收益構成

班底的收益構成，主要包括如下六個方面。

▌1. 充分重視

　　想要讓核心員工嚮往進入班底，管理者應先給予班底充分重視。管理者不重視團隊班底，就如同一個人不愛自己的家庭。團隊原本能給予管理者的支持、尊重和熱愛，管理者也將永遠無法發現。

　　在團隊營運中，不少管理者給下屬的壓力、利益、承諾都不少，但唯獨缺少了真正的重視，對誰都只會公事公辦。即便對班底員工，也不願意隨時幫助、虛心請教，而是一副高高在上的樣子。管理者應明白，當他們在漠視班底的時候，班底員工也會遺棄管理者。相反，讓員工確信自己進入團隊班底，就能得到最大重視，他們就會珍視這樣的機會，並為之而奮鬥。

▌2. 至高榮耀

　　團隊管理者都明白，一個人無法打天下。團隊發展依靠的是所有人的力量，更缺少不了班底員工。這些員工，往往都是跟隨管理者從創業時期共同成長，他們和團隊度過了每個困難時期，經受風雨的洗禮、體驗成長的苦樂，他們對團隊未來有堅定的信念。面對這些和團隊同甘共苦、不離不棄的老員工，團隊應讓他們享受到至高的榮耀。

在團隊班底中，也有後來加入者。他們具備突出的專業和綜合能力，為團隊出謀劃策、貢獻力量，無論他們面對何種工作都會盡心盡力，遇到什麼情況都會冷靜對待……面對團隊未來有積極影響的員工，管理者也應給予至高榮耀來回報他們。

透過日常工作環境、特殊節慶活動等儀式感，管理者應使班底感受到榮耀，並願意為了回饋榮耀而進一步努力工作。

3. 快速成長

企業的核心員工渴望個人能力的充分發揮和自我價值的實現，他們和團隊為共同成長關係。團隊管理者應深刻意識到，團隊和員工實質上屬於相互依賴的共生關係，即團隊信任員工，員工尊重團隊，共享成長資源。

為此，團隊管理者應真正了解到班底的重要性，充分承認和展現員工的成長價值。在進行管理時，應摒棄以工作為中心的管理風格，實施以成長為中心的管理方式。例如，多向班底員工提供培訓學習的機會，多提出有助於他們實現個人成長目標的管理措施等，以促使他們成為團隊內成長最快的人。

▎4. 進入核心

團隊核心員工自我實現願望強烈，管理者應積極向他們提供進入管理核心、獲得升遷的機會。當團隊出現職位空缺時，應優先考慮內部調動，提拔核心員工成為新的班底。

這樣的吸引手段，不僅能減少團隊的管理成本，更能激勵其他員工，讓那些尚未成為核心員工的人，看到透過努力進入核心管理層的希望。

▎5. 解脫財富

薪酬並不只是激勵核心員工的唯一要素，但核心員工希望能得到與其業績相符的薪酬，班底更希望獲得解脫財務壓力的財富。毋庸置疑，個人的財富多少，已經是現代社會衡量價值的方法，也是努力工作帶給家人幸福生活的重要手段。因此，制定合理的薪酬和獎勵政策，是吸引核心員工加入班底不可或缺的手段。

傳統上，團隊薪資制度只注重消除員工的不滿，卻沒有達到充分吸引他們加入班底的目的。例如，傳統薪資制度注重職務因素，往往員工只有先獲得晉升才能提升薪資。現代的團隊管理思維，即便員工沒有晉升，但他卻透過自己的業績達到貢獻，他們就應獲得薪資的提升。

為了讓班底身分對核心員工具有更大實際意義，管理

者需要改變傳統的薪資設計。

首先，應解決內部公平性和外部競爭性的問題，在團隊不斷地發展過程中，進行相應的調整。其次，還要讓他們明確自己的努力方向，以調整他們的行為習慣和工作目標。

類似的激勵機制，能讓員工獲得遠超薪資的預期經濟收益，獲得財富上的自由解脫。這顯然有利於增強管理者與班底之間的連繫。

▌6. 職業成功

對班底員工，團隊管理者最終應著眼於使其獲得源源不斷的成就感，營造良性、和諧的氛圍，保證他們能從中得到長遠成功。

為此，管理者應重用班底，授予他們一定的權力，賦予其相當的責任。越是給他們委以重任，就越是能調動班底追求成功的積極性，也能賦予他們責任感。同時，管理者還應給予及時充分的肯定，讓他們從工作中獲得滿足感。

管理者要和班底建立共同願景，明確目標。要讓他們主動追求團隊願景，這就等於透過班底為團隊注入了長遠價值和潛能，讓班底在獲得自我提升時，感受到更大的成功愉悅。

04
打造班底之認知週期

　　當管理者選中班底預備員工後，需要為他們設計路徑，使他們對團隊和自身關係的發展，建立基本的了解，以獲得加入班底的資格。

　　一般來說，員工在進入一個團隊後，會經歷必然的角色週期。團隊員工角色週期，如圖 2-3 所示。

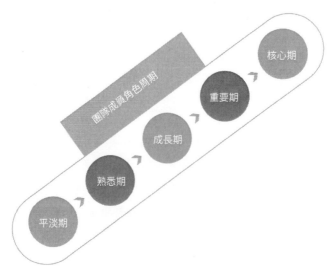

團隊成員角色周期

核心期

重要期

成長期

熟悉期

平淡期

圖 2-3　團隊員工角色週期

團隊員工所承擔的角色變化，主要分為如下階段。

1. 平淡期

曾經有一位管理者，傾訴自己最不喜歡的就是新員工。他說，自己經常聽到新員工說出很不負責任的話。例如：「我和這個專案的負責人溝通不了，他一直不回我，我該怎麼辦？」、「我不知道該怎麼辦啊，沒人跟我講。」、「這些不是我管的，我正在忙另一件事。」在他看來，這些年輕人不知道什麼時候才能學會用心，也總是搞不清楚事情的嚴重性。

其實，這位管理者並不是對新員工有什麼偏見，而是他沒有察覺到員工在平淡期的心理和行為。

離開校園、初入社會，團隊新人總是會有一段尷尬時期。此時，他們似乎什麼都不懂，什麼也做不好，他們不甘心總是做無關緊要的瑣事，但無力獨自承擔重要的案件。此時，他們在團隊內的角色體驗感很平淡，因此可看作平淡期。

每個團隊的管理者，都經歷過平淡期，並沒有必要將新員工排除在班底之外。管理者應看到新人的潛力和優點，意識到他們在未來發展的空間。透過管理者的幫助，新人才能意識到每個團隊管理者都是從最底層做起的，管理者在 5 年前就是現在的自己，而他們現在的角色，很可能是自己 5 年後的樣子。

管理者應如何幫助新員工度過平淡期？主要有以下步驟。

(1) 改變「心態」

諸如「我不知道」「沒人通知我」「老闆沒有說」等口頭禪，會損害管理者對新員工的信任感，同時也會降低團隊內其他員工對他們的評價，更會阻礙他們獲得自信和動力。

管理者應區分職場新人，透過觀察他們的差別，使團隊內所有新人盡快擺脫學生心態。

初入團隊的員工可以分為兩類，一類是成長型員工，一類是停滯型員工。成長型員工善於利用一切機會學習，能迅速度過平淡期，有效提升自己的工作能力。他們更看重工作結果，也看重探索過程。停滯型員工恰好相反，他們缺乏耐心。

同樣處於平淡期的新員工，獲得不同的啟發引導，就會表現出不同的發展方向。一個團隊的管理者能開發出員工多少潛能，要看他能在最短時間內幫助多少新員工去掌控工作、調整心態，對結果主動負責。這既是新員工的職場第一課，也是團隊管理者教會他們走好的第一步。

(2) 尊重客戶，具備職業精神

幫助新人盡快度過平淡期的方法，是教會他們如何尊

重客戶並具備職業精神。無論是郵件格式是否正確、PPT製作是否專業，都不只是新人的工作內容，更應是團隊對他們工作態度的培養和考驗。管理者應要求他們凡事學會多想一步、多做好一點，就會比別人走得更遠，也能距離班底更近。

除了主動引導外，管理者也應學會去觀察平淡期的團隊員工。有些新員工進入團隊時，做的只是列印檔案、端茶倒水的瑣碎工作。管理者應學會觀察哪些員工沒有抱怨和懈怠，而是盡力做好。

管理者尤其要發現那些在完成工作的同時，還能認真保持學習態度的新員工。他們往往具備更為專注的精神，願意追求極致，也更容易透過努力，盡快度過平淡期。

(3) 發現格局更大的新員工

喜歡說「我不負責這些」「這些不關我的事」的員工，無論其學歷、能力如何，其工作格局都有所欠缺，距離進入班底尚有距離。這樣的員工，給自己設了限制，他們在內心認定自己平淡，也就不再追求卓越。

新員工一旦缺乏格局，其平淡期就會不斷延伸。很多人即便工作一兩年，還是沒有找到自己的發展方向，只願意「安穩」地停留在瑣碎平常的簡單工作中。管理者應積極

發現那些比同齡者格局稍大的新員工，他們經常願意嘗試拓展思路，用最小的時間成本選定個人發展的方向。管理者一旦發現他們，就要積極為他們提供機會，幫助他們脫穎而出，順利度過平淡期。

對於那些格局不夠大的新員工，管理者也不應輕易放棄。管理者應幫助他們理解目標設定的重要性。如果想要在團隊中有所進取，新員工就不能只做好「本職工作」，儘管這樣更容易。

總而言之，新員工還應能在平淡期、頂得住壓力、扛得起責任、受得了委屈。管理者應在他們平淡期看到希望，他們就會迅速走向新的階段。

▌2. 熟悉期和成長期

當員工經歷平淡期後，開始進入熟悉期。此時，他們對團隊變得越來越熟悉，對企業制度、架構、業務、文化等逐漸瞭如指掌。與此同時，他們也開始掌控自己的成長，找到職業生涯的發展方向，調整職業心態的平衡。

身為團隊的管理者，無不希望團隊下屬迅速成長。他們既希望能像伯樂那樣發現千里馬，但也擔心能力平庸的員工會對團隊拖後腿。然而，絕大多數員工並非庸才，只要在熟悉期和成長期獲得引導，就能獲得充分的機會進入班底。

在這兩個階段中，管理者應積極履行以下工作。

（1）增強員工的自信心

決定一個人工作好壞的因素，和對工作的期待感有關，而這正是由員工的自信心決定的。身為管理者，要在和團隊的溝通中時刻表達意圖，即「你正在成熟，而且越來越好」。要不斷告訴員工，企業從過去、現在到未來，始終缺少優秀的人才，而他們經歷了熟悉期和成長期，必然會填補這樣的空白。

透過溝通，可以不斷加強員工的自信心。每個人的自信心都不可能憑空而來，員工在熟悉和成長期，非常需要來自他人的肯定，以逐漸養成自信心。當他們的自信心提高了，能力也就加強了，就會呈現出更高的效率。

（2）將缺陷變為優勢

很多團隊員工都存在明顯缺點，但這些缺點並非不可彌補的缺陷。有些團隊管理者發現員工的缺陷時，會立刻指出，然後督促其改正。然而，當員工已處於熟悉期和成長期時，這種做法則有待商榷。這是因為員工並不願意總是被「逼迫」著進行改造，很容易變成管理者在浪費自己的時間，也引發員工的不滿。

與其強行要求員工改變，不如換個角度，分析員工的

問題，並將之改變為優勢。

例如，有的員工對工作流程熟悉後，表現出靈活性不夠的問題，總是刻板地執行，而不能面對新情況。但換個角度看，這也說明了他們工作原則性強，對整個團隊負責。身為上級，管理者可以鼓勵他們多表達自己的特點，以產生監督制約的作用。

透過類似的鼓勵式引導，員工會堅持在熟悉期和成長期表達自己的看法，使團隊內氣氛更為融洽，同時促進多種工作風格的碰撞與整合。

▌3. 重要期和核心期

管理者在團隊中不僅要有自己的威望和權力，更要有倚重的員工。對這部分員工，應給予充分關照，讓他們能支撐團隊的管理框架。

當員工在熟悉期和成長期累積充分的工作經驗，創造良好的業績後，他們在團隊中的地位將與日俱增。此時，他們會參與團隊內重要的工作，列席重要的會議，討論重要的決策事項……在普通員工眼中，這些員工變得越來越不可或缺。

此時，管理者也應及時將處於重要期的員工和普通員工加以區分管理，以引導他們更進一步走向核心位置。

（1）表達重視和親密

對重要期的員工，管理者可以在一些公開場合，表達自己的欣賞和重視。

首先，可以樹立重要員工的地位，使他們具有更充足的資源。

普通員工對團隊管理者的態度十分看重，當管理者對重要期的員工表達重視時，實際上等於向整個團隊宣示，這個員工很重要，他的行為可以代表我，對他的建議，我也會非常重視。

其次，透過在公開場合表達對重要期員工的親密關係，也能讓他們產生更多的榮譽感，增加他們對團隊的忠誠度。

當然，在公開場合表達對員工的重視和親密，應該注意方式。管理者要在合適的時機和場合，說合適的話語。有時可以明確地表達，也可以進行暗示。在外部場合可以只是評論大致印象，在內部場合則可以談一些具體事例，分析重要期員工的特點。

（2）給予更多

對於已處於重要期的員工，團隊管理者一定要有正確評估，應評估其實際需求，並付出超過其預期需求的資源。這是因為重要期的員工承擔了團隊內大多數普通員工

暫時無法承擔的壓力和責任，如果管理者給少了，重要期員工就會感到不平衡。如果給得剛好，他們很可能會認為這是自己應得的，並不會對管理者有感激之情。

管理者不僅要給出超出預期的回報，還要給予員工真正想要的資源。如果員工並不在意，那麼即便多給出獎勵，也很難產生良好效果。例如，有的重要員工更希望獲得薪資獎勵，但管理者卻提供了晉升，即便晉升很快，員工也未必滿意。而有的員工希望獲得更多的權力，如果管理者只能給他獎金，也難以產生激勵效果。

成為班底之員工層級

團隊失敗的重要原因，並非在於員工的害怕、恐懼和不信任他人，而是因為員工對自己在團隊中所擔任的角色感到迷茫。他們不清楚自己的任務是什麼，是否有權處理需要做的事情。由於看不清現在，他們更預知不到未來，也就無從發現自己通向核心人物的道路。

針對現實問題，一方面，管理者需要為員工整理出整個團隊的層級，並確保他們清楚各個層級的特點，使之能

對號入座、明確角色的同時，更能有效確定提升的目標和方法，逐步成為核心人物。另一方面，團隊面對激烈的市場競爭，想立於不敗之地，就要進行適當的淘汰。而準確淘汰的前提是分類。團隊裡面可能有很多人，他們分別扮演不同角色、承擔不同任務、做出不同貢獻，對團隊貢獻率存在高低之分，距離班底也有遠近之分。如果能不斷將那些和班底距離過遠的員工淘汰，將距離班底越來越近的核心員工培養好，團隊的戰鬥力就會越來越強。

為了推動上述管理工作，管理者需要對團隊員工進行分級。團隊員工分級，如圖 2-4 所示。

團隊員工分級具體差別如下：

▌1. 人手（能力薄弱）

許多團隊之所以雖然有所發展，但總是不盡如人意，在於其中「人手」員工太多。所謂「人手」員工，是指能力薄弱、態度中庸的普通員工。他們在團隊中並不起眼，既沒有像偷懶的員工那樣令人討厭，也沒有像核心員工那樣令人敬佩看重。大多數時

圖 2-4 團隊員工分級

間，他們都躲在核心員工身後，以溫順「小白兔」的形象，聽從管理者的指揮。管理者讓「人手」員工做什麼，他們就去做什麼，既不會多做，也不會巧妙地做。一旦完成了眼前的工作，他們寧願停下來等待，也不會去主動學習、探索，因為他們缺少開拓的勇氣，也缺乏創新的精神。

在工作中，「人手」比比皆是。他們認為上班不過是一天工作換一天收入，自己既沒有過人的技術，也沒有光鮮的背景，同時更沒有獨特的資源，想要成為核心員工難上加難。

由於錯誤的認知，「人手」員工選擇了得過且過。只要團隊還有他的角色，他就願意繼續「工作」下去。而這種「工作」內容，也只是扮演跑腿打雜的角色，無法帶給他成長所需的豐富經驗，也不能帶來豐厚收入和晉升。

2. 人才（一技之長）

今天的企業團隊中，並非沒有人才，而是缺少鑑別人才的管理者。早在《資治通鑑》中，司馬光就用淺顯易懂的語言進行過生動的比喻，他說，真正具有高尚道德和智慧的人在用人時，會像工匠對待木材那樣，取其有用部分，拋棄無用部分。這段話的內涵，是指即便具有充分價值的人才，也難免有缺點，管理者要善於發現人才的優勢，要善於揚長避短。

然而，在一些團隊中，擁有一技之長的員工比比皆是，管理者卻對此視而不見，他們認定「團隊缺乏人才」，最終導致人才流失。真正的人才受到冷落而離去，普通的「人手」卻進入班底，這對團隊發展的影響可想而知。

　　管理者建構班底人事決策的重點，並不在於如何減少員工的缺點，而在於如何發揮員工的長處。世界上沒有完美的人，商業團隊中更沒有完美的員工。即便是優秀者，絕大多數也只能做到「一技之長」，而不是「技技皆長」。對於普通員工而言，「一技」往往能確保他們在團隊中生存下去，獲得生活的收入保障。而其中稍突出者，則能做到「之長」，使其能在員工中嶄露頭角。這樣的員工，就有資格進入班底考察對象。但管理者如果奢求每個進入團隊的人，都能在各個領域成為專家，就會變得過於理想。

　　總之，團隊在建構班底時，只能找到最適合某一類工作的員工，了解其最擅長的技能是什麼，再將其安排在合適職位上發揮所長，最終進入班底。如果要求過苛，管理者就會發現無人可用。

　　團隊管理是一門藝術，班底的建構更是如此。管理者要從不同角度，對班底員工進行觀察，使人才的魅力能發揮到極致。當人才和合適職位匹配後，就能讓員工發揮專長，也能讓團隊受益。

為此，在打造班底時，管理者應做好以下幾點。

（1）進行合理的職位設計：管理者在設計職位時，必須十分謹慎，而不能隨意設計出團隊內現有人才無法勝任的職位。如果連續兩三個人才都無法勝任同一職位，且這些員工在過往工作經歷中表現良好，那就應該重新審視這職位的合理性。如果不合理，就應重新設計。

（2）班底應為人才提供空間：在設計班底內部架構時，管理者應秉持以下原則。

① 確保班底內各職位既有較高的工作要求，又有較寬廣的工作範圍。

② 確保所設計的職位具備一定挑戰性，能使人才充分發揮優勢和長處。

③ 確保所設計的職位，能為人才提供足夠的表現空間，使員工能將與工作有關的技術，轉化為個人工作成果和團隊業績。

（3）考慮員工的技術優勢：管理者在打造班底時，不能刻板地理解職位要求。尤其在中小團隊內，更應考慮被任用的人才有什麼長處。當管理者決定將某個員工納入班底之前，應非常清楚其優勢，並對此進行充分、周詳的考慮。

▌3. 人物（獨當一面）

　　這一層級的員工，已緊密跟隨班底。他們和管理者目標、利益一致，其表現為可委託重任、執行力強、表現突出，能獨當一面。

　　一般而言，團隊中的「人物」級別員工，大多是團隊創業元老、高級別員工或空降的專業人才等，並不是任何有技術才能的人都能成為團隊「人物」。管理者還需要分析「人物」，判斷該層級員工擔任班底之後的具體表現。

　　一般來說，「人物」與管理者的表現，包括如下部分：

　　（1）目標一致：「人物」級別的員工深刻意識到團隊發展與自身發展之間的密切關係。他們清楚，團隊越大、發展越好，自己就越是有地位、收入、前景和機會。因此，他們個人發展目標同團隊經營目標是一致的。

　　（2）利益一致：隨著團隊不斷發展壯大，「人物」級別的員工會從中得到地位提高、晉升和收入增長。因此，他們非但不會對團隊的發展製造障礙，還會一心為了團隊進步而貢獻力量，與管理者同心同德。

　　（3）良好表現：「人物」級別的員工會有良好表現。例如，團隊能夠對其委以重任，負責團隊內的重要事務等。而他們也會跟隨團隊管理者的思路，遵循管理章程制度。

「人物」員工有極強的執行和行動能力，管理者制定的方針，他們能將之變成具體計畫，並將之落實到具體工作中。他們可以負責工作過程，而無須管理者過問，他們能交出令人滿意的結果。「人物」員工不僅能透過自身努力去完成任務，還能透過培養「人才」員工，形成對團隊工作的支持。他們無須管理者幫助，就能打造出人才團隊，從而複製自身的能力、經驗和價值觀、目標，獨當一面。

為了打造「人物」級的員工，管理者需要適當放手，讓處於「人才」級別的員工獨立工作，面對風險和矛盾。要相信他們的能力和經驗，支持他們解決問題，並幫助他們累積豐富的經驗。

「最厲害的員工，就是讓領導者無事可做」。管理者應讓員工知道，只有先獨立，才能獲得成長，並從「人才」成長為「人物」。

4. 班底（核心人物）

團隊班底就是核心層，核心層就是人。任何班底的構成都不是無緣無故的。

在團隊內，利益是班底的重要基礎。如果班底沒有共同的利益，就不會形成核心層，也不會和管理者形同一人。不僅如此，真正的班底還應和管理者形同一人，共同

承擔風險。

　　更重要的是，班底應和管理者形成共同理想。管理者想的是將團隊擴大，而班底如果想的是小富即安、分點紅利，雙方就不存在共同理想，員工也就無從成為核心人物。

　　團隊想具備共同利益、面對共同風險，形成共同理想，其基礎在於彼此的共同認可。班底作為管理者周圍最緊密的人員，應充分認可管理者為人做事的風格。同樣，管理者也應充分認可他們的核心優勢，雙方互相認可、互補。

06
打造班底之能力成長

　　社會與市場不斷發展，企業環境不斷進步，團隊員工也應持續成長進步。唯有如此，團隊能力才能適應新的需求，並發現與淘汰人員，形成適應團隊發展所需的人才結構。

　　管理者應意識到，今天看似合格的人才，未必就能撐起團隊的未來。隨著團隊不斷變大，必然會面對問題。這一問題的解決方式，主要是針對性的學習。

不同層級的學習態度

身處不同層級的團隊員工，其學習態度是不同的。一般來說，偷懶的「人渣」級員工，總是在抗拒學習。他們面對學習總是有無數的藉口，今天加班，明天生病，後天要請假回老家，總是無法真正有效地學習。因此，從他們加入團隊開始，他們就無法成長，也就越來越落後和封閉。

相比這樣的員工，「人手」級別員工在潛意識中了解學習的重要性。他們渴望透過學習獲得進步，以變得與眾不同，並克服自己認知不足、能力等問題。但他們對於學習有逃避心理，在面對學習時患得患失，擔心自己付出了時間和精力學習卻無法獲得回報。同時，他們一旦在學習過程中遭遇困難，就希望尋找捷徑，或者直接選擇放棄。如果沒有來自外界的要求，他們很難堅持。因此，「人手」級別員工大都是被動學習，而無法主動投入到學習中。

管理者應針對「人手」被動學習的問題，幫助他們尋找學習機會和資源，端正學習態度，明確學習的方向與目標。

在團隊中，「人才」隊伍不斷更換、「人物」隊伍規模不斷增長擴大，其學習進步表現出的變化更為重要。

「人才」能主動學習。當他們成為獨當一面的「人物」後，則能合理安排時間、精力，將資源聚焦於學習。

在團隊中，管理者應重視表現出主動學習慾望的「人才」級別員工，為他們提供更好的學習機會，將其個人學習與團隊工作緊密結合，打造出越來越多主動學習的「人才」員工。

如果管理者能做到這點，隨著團隊的發展，「人才」級別的員工會越來越多，其中大部分開始成為「人物」。原有「人物」級別的員工，一部分將進入核心層，另一部分將跟隨該級別繼續成長。這樣，就透過學習啟動團隊內的良性循環。

「人才」和「人物」，是團隊的重要力量。管理者應重視「人才」和「人物」員工的學習成長。當「人才」和「人物」透過學習，能力獲得成長後，他們將會帶動「人手」級員工，整個團隊的價值也將會由此開啟嶄新變化。

創設學習氛圍

無論管理者帶領的團隊如何，都需要在團隊中不斷創設學習氛圍。透過氛圍引導，確保「人手」能意識到學習的重要性，「人才」能有更多學習資源，「人物」能有更好的聚焦學習對象。

下面幾點內容，是管理者創設團隊學習氛圍的重要途徑。

▌1. 尋求多元的培訓資源

在那些注重集體培訓課程的團隊中，普通員工每年至少有上百小時的培訓課程。為了增強員工透過培訓課程學習到的技能，有的團隊會開展跨領域培訓，讓團隊內負責行銷的人員學習營運管理課程。也有的團隊會開展跨部門培訓，讓人力資源部門的人去接受產品相關培訓。這樣一方面員工可以見識更多培訓內容，另一方面也增強了團隊內部的交流。

在團隊中，大多數員工對團隊的需求，已經不僅僅是薪資，更有個人成長的需求。今天的員工，可以接受自己在一個團隊內工作兩年沒有晉升，但很難接受兩年內沒有得到充分的培訓。這恰恰是團隊管理者應該為員工考慮的。

管理者應清楚，團隊付給員工的不只是薪水，更有自身能力的培養，而這些都離不開多元化的培訓課程。

需要注意，培訓課程不僅是課堂上的訓練，也包括其他途徑。例如：一個專案完成後，可以進行一兩個小時的總結。在內部溝通時，進行演示討論。分享一個案例，或者寫下幾個新想法等。

尋找培訓課程資源，既是員工的職責，也是管理者的責任。優秀的管理者應意識到，你無法教會所有員工所有技能。但你能創造一個便於他們學習的環境。因此，管理

者需要負責為員工提供各種學習方案,並指導他們從中選擇培訓課程。

　　例如:不少優秀的團隊管理人掌握了創造團隊內部學習環境和氛圍的方法。他們會將團隊員工聚集,宣布內部學習計畫。每個員工準備自己擅長的課程,然後和團隊員工分享。這個課程可以是員工工作的心得,也可以是自己在任何管道學習獲得的知識,或者是外部培訓了解到的新方法、技巧等。

　　透過類似交流,團隊內部形成了輪流分享個人學習心得的習慣。在這個過程中,員工既是課程的講授者,也是親身學習者。他們在準備課程的同時,也重新回顧了學習過的知識,獲得全然不同的收益。

2. 積極規劃學習生涯

　　高明的管理者和優秀的員工,從不滿足於現狀。他們會不斷尋找新的更有效的工作方法和學習資源。因此,管理者需要積極幫助員工規劃學習生涯,能不斷帶領員工總結學習經驗。

3. 積極推動學習活動

　　透過團隊內的各種活動,同樣也能推動員工的學習,提升其個人能力和經驗。主要的學習活動如下;

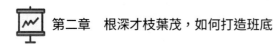

（1）總結體系：大型團隊總結包括半年總結、年度總結、各種專項活動的總結。中小型團隊總結包括季度總結、半年總結、年度總結等。個人總結包括周總結、半年考核總結、年度考核總結等。

（2）交流體系：包括團隊內部員工學習交流會、工作討論等。

（3）交換體系：包括員工內部輪調以及與之相關的培訓內容。

（4）指導體系：包括新員工指導制度、導師制度等。

07

打造班底之定位定心

團隊如何發揮在企業中的價值？一言以蔽之，幫助企業解決問題。想要打造團隊的班底，無論是員工還是管理者，都應立足團隊的常見問題，確定自身角色，完成集體和個人價值的提升。

持續解決團隊核心問題的前提，在於對自我價值的清晰定位。

團隊面對的核心問題

團隊面對的核心問題，大都來自管理體系覆蓋的各方面內容。

從傳統模式上看，企業團隊管理包括採購、人力資源、資產管理、生產管理、財務管理、行銷管理等。從新的環境發展需求來看，還包括環保管理、物流管理等。

團隊管理者一方面需要應對市場提出的目標，另一方面也需要面對員工對收入、進步的要求。為此，他們應認清團隊管理中的核心問題，對其中每個具體的原因、背景和應對方法、期待結果瞭如指掌，從而及時調整，使團隊充分溝通。這樣，整個團隊才能忙而不亂、定位定心，推動團隊乃至企業的穩步發展。

團隊管理者是團隊定位定心的主體，班底是團隊定位定心的主體代表，團隊其他員工則是定位定心的客體。由此，可以將企業團隊核心問題分為人、事、物三個方面。

1. 人的規範性問題

主要包括人才任用的過程，包括如何甄選、安置、配備、任用、儲備、離職等。同時，還包括情緒管理、獎懲機制等。這一類問題統稱為人力資源問題。

　　人是團隊管理中的核心，人力資源問題也是企業日常管理中的核心問題。只有透過團隊定位定心，以人的角色，解決人的問題，才能相互配合，展現班底發揮的管理效能。

▌2. 事的整合性問題

　　透過班底的整合，明確團隊人員做事的原則、方向和方法，發揮他們面對不同具體問題的解決能力，從而塑造出具備個性而又有統一方向的團隊。

　　團隊管理者對員工的定位和定心，是為了在團隊支撐下，做好流程中各層次、各系統的事。其中，解決的相關問題包括市場方面如行銷問題、品牌問題、公關問題；供應鏈方面如資源問題、資本問題；管理方面如管理問題、會務問題等。

▌3. 物的穩定性問題

　　透過班底發揮定位定心作用，還能保證企業管理中物的穩定性，主要展現在財務管理、資產管理、庫存管理、物流管理等問題的解決。

　　物的管理，是團隊的財富管理重點。如何杜絕財物的流失和浪費，則是保證其穩定性的關鍵。尤其在企業裝置管理、財務管理、物流管理等方面，必須透過團隊班底的

定位定心,做好管理和控制。

　　企業內人、事、物三方面的相關問題,本身是密不可分的,必須遵循企業管理的規律。同樣,定位定心所要解決的問題,也並非獨立的,做好定位定心,往往能讓大量問題迎刃而解。

團隊員工的定位定心

　　建立高效團隊的班底,在於將合適的人聚在一起。如果管理者能夠識別各種團隊角色,並能根據這些角色匹配團隊員工,就有了形成高效團隊的基礎。這樣的團隊,其效率會遠遠大於所有員工獨立工作的效率總和。

　　如果每個團隊員工都確定了自己的角色,而角色又適合於自身的技能、個性和工作經驗,他們將從中獲得更多收益。團隊員工將在自己獨特的貢獻中展現出角色價值,而不是與其他團隊員工為角色而競爭,團隊中就會減少對峙與矛盾。這些都有助於在團隊中形成更多激勵力量、更旺盛的士氣。

　　因此,當管理者建立了定位定心的班底後,團隊其他工作也會變得更加容易。

　　想要真正定位定心,管理者應從以下幾點著手做起。

▌1. 角色認知

　　個體角色認知，即團隊員工尋求的有意義的自我定位，即尋求了解自己是誰、自己到底在團隊中處於何種位置、自己要向何處去等問題。

　　確定個體角色認知，就是「定位」。影響定位的要素有很多，包括教育、經歷、社會角色期望、團隊其他員工的角色期望等。良好的定位，能讓團隊員工盡快找到合適位置，盡快進入班底，從而充分發揮自己知識、經驗、技能的優勢。

　　相反，如果個人定位與團隊整體定位有較大偏差，就會導致角色失當而無法確定位置。因此，高效的團隊班底，必應經過員工的良好溝通，明確各自的定位後，並透過實際工作不斷調整而適應變化。

　　許多缺乏班底的團隊都有下列類似情形，例如具體分工不明確，有了工作任務時，大家全部上陣。解決問題後，面對新任務，大家又一起解決。在解決過程中，臨時委派工作任務。長此以往，導致每個人的分工都難以固定明確，團隊內部定位模糊不清，進而致使個體對工作角色認知陷入迷茫狀態。

　　相對於自身過高定位的問題，也有不少團隊員工出現定位過低的現象。他們對團隊的各種策略和決策內容無動

於衷，只著眼於如何做好自己的「本分」。他們從未想過工作與團隊目標之間的連繫，因而缺乏充足的動力。

　　無論上述何種情形，都屬於團隊員工未能準確定位定心。事實證明，團隊成員是否準確認知自身角色，是其能否順利進入班底的前提條件。角色認知是團隊整體規劃的重要因素，只有讓越來越多的員工能和團隊目標緊密結合，才能打造出優秀的班底。

▌2. 角色劃分

　　為避免在組建班底過程中出現角色衝突與模糊，導致無法定位定心，而給班底造成負面影響。團隊管理者應儘早分清、指派或引導員工，結合自身特點，進行角色定位，清楚職責和位置。

　　在團隊中，通常會有如下不同特點的員工。團隊員工角色劃分，如圖 2-5 所示。

圖 2-5　團隊員工角色劃分

團隊員工角色劃分主要角色包括如下。

(1) 專業型員工

他們專注於專業化的技能或知識，其真正興趣在於這些領域。在專業領域他們充滿熱情。但他們對其他人不感興趣，並顯得不合群。

對於這類員工，管理者應將他們看作重要人才，因為他們對專業技能或知識有深刻理解。與此同時，管理者也引導他們融入團隊，善於觀察和合作。在正確的引導下，他們將會更有動力、有奉獻精神和決心，成為團隊內真正不可或缺的人物。

(2) 檢驗型員工

檢驗型員工本性內向謹慎，他們能鎮靜理性地面對問題，

但同時他們又總在擔心會出現問題。為此，他們喜歡檢查所有細節，並設定比周圍人更高的標準。

對於這型別員工，管理者應利用他們的特殊價值，將之定位為班底中能對團隊工作結果驗收負責的角色。如果他們在這一角色上定位定心，就能為團隊提供更大的貢獻。

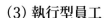
(3) 執行型員工

團隊不能不能缺少執行的員工。執行型員工是擅長做具體工作的人,具有很強的組織能力、自律能力,他們能將管理者的決策和想法,變成可實施可管理的工作。

引導該類員工時,管理者既要認可他們的執行態度,同時也要幫助他們更好地定心,即擁有主動理解管理者整體策略的靈活態度,積極而投入地思考,從而在團隊中發揮更大價值。

▋4. 測試工具

利用下面工具,團隊管理者可幫助員工準確了解自身定位。

(1) 公司最需要的能力?

(2) 我比較有信心和興趣的?

(3) 我擅長的?

(4) 我能夠持之以恆的?

(5) 我最能發揮價值的?

(6) 我應該成為什麼樣的員工?

08
打造班底之提升境界

....

　　想讓班底發揮更大價值，就應不斷提升班底員工的思想境界。

:::
授權，培養獨當一面的價值
:::

　　在成熟的團隊中，每個人都有自己的工作和管理任務，團隊管理者不可能事事過問，將具體的工作交給班底員工分工負責。由於工作獨立性的需要，班底員工必須學會獨當一面。

　　打造班底時，團隊管理者應首先挑選那些能力上獨樹一幟、可獨立解決問題，並能與他人合作完成工作的員工。這樣的員工具有獨當一面的能力，不僅能熟練應對工作內容，還會在團隊其他員工忽略問題的情況下承擔重任。如果整個班底都有這樣的境界，團隊潛力勢必會因此更充分地發揮。

　　隨著市場競爭的日漸激烈，社會分工日益精細，任何團隊管理者面對複雜紛紜的矛盾時，都無法獨自解決問題。他們必須懂得尋找和培養員工、獨當一面，並授予他

們獨特的權力，承擔起應有的責任。

管理者需要從以下角度著手。

1. 充分授權

凡是授權，都需要具有權力來源的獨立性。如果只是以一般表面形式的授權顯然遠遠不夠。只有具有高度自主性的工作任務，才能考驗人才。

團隊管理者採用這種充分授權的形式時，甚至不需要給班底員工具體目標和工作方式，而是期望他們依靠自己的能力完成任務。管理者應相信，完成任務的過程，是班底員工不斷成長的過程。當他們圓滿完成任務，其工作境界能得到充分提升，可以接受下一重任的考驗。即便他們沒有成功完成，只要認真參與了，也能從中學到普通工作無法給予的寶貴經驗和心態，並能對未來的成長做好準備。

2. 用複雜多變的任務考驗班底

班底員工想實現境界的昇華，就要真正在業務能力、判斷決策能力、協調能力乃至策略眼光等方面獲得過人之處。因此，團隊管理者需要用複雜多變的任務來鍛鍊他們。

授權任務應有一定的難度。既符合培養對象的專業技

術或業務能力水平，也需要他們經過縝密思考和周密計畫才能達成目標。從員工角度看，想要提升境界，就要做好應對困難的準備，只有付出艱苦努力，才能脫穎而出。

3. 授權不應短期化

任務時間與複雜程度，能鍛鍊團隊員工的耐心和意志。有能力而缺少耐心的員工，很難進入高境界，即便進入班底，也無法真正推動團隊。因為他們很容易急功近利，難以帶領團隊發現最好機會。

管理者在運用授權考驗員工時，應要求接受任務的員工能堅持其個人工作方式，並展現充分堅韌的意志力，理性面對工作發展而不輕易動搖。團隊員工也應在授權工作中表現出足夠的耐心，發現問題並加以解決，從而透過考驗並獲得提升。

4. 授權不應僵化

授權任務應具備一定的靈活性。凡是思維模式僵硬死板的員工，很難在班底中持續發揮個人優勢。在絕大多數情況下，能在團隊中獨當一面的員工，必須具備靈活變通的能力。否則，一旦遇到新情況，他們就只會忙於請示彙報，而無法直接實踐，進而導致整個團隊的缺失。

捨我其誰的動力

　　員工的職業定位，不能單純依靠團隊管理者制定，即不能只是依靠定位，同樣也需要個人。

　　管理者應引導團隊班底員工意識到，一流的員工，要在團隊發展中學會「我一定要解決企業問題，我一定要獨當一面，我必須擁有能力」。如果團隊員工的動力不充足，無論外界如何為其規劃定位，都難以擔當大任。團隊員工動力充足，只需要管理者稍加引導定位，就能在認知和能力方面，輕鬆進入新境界。

　　當團隊共同工作時，大家經常表現得十分積極奮進，似乎動力充足。但實際上，工作狀態並不一定代表了班底真正的內心動力，當他們離開特定情境，回到自己的工作職位上，往往就並沒有表現出充分積極態度，因此限制了團隊整體員工境界的提高。

　　管理者如何提升並保障班底員工的動力？其關鍵在於表達和分享團隊的願景、使命和價值觀，幫助員工尋找他們自己的願景、使命和價值觀。當班底員工將之明確為個人夢想時，就會努力追求，這種始終在追求夢想的力量，即為意願所帶來的力量。當員工特別想為團隊做好每一件事情、貢獻每一份價值時，他們就一定會投入更多的精力

和時間，發揮更多的創造力。

松下幸之助說：「我們企業的責任，就是把大眾需要的東西，變得像自來水那樣便宜。」此後，這個團隊的理念就是從「無」製造「有」，透過生產活動，帶給所有人充足富裕的快樂生活。

身為團隊管理者，松下幸之助為所有員工樹立了一個美好的企業願景、目標和價值觀，並透過日常工作中的溝通、引導，將之分享給每個員工，成為他們的個人動力，即幫助企業製造品質優良、價格合適的電器產品，透過不斷增加的豐富物質產品，幫助人們獲得安定和幸福的生活。

管理者懂得將夢想分享給團隊員工，團隊員工也能接納這樣的夢想。於是，夢想就形成了強大的動力，提升了企業團隊班底的思想境界。產生如此強大動力的重要原因，在於其中遵循了無私的利他價值。管理者具備了利他的動力，團隊員工才會追隨，從利他起步，進一步擴大為利企業、利集體、利班底。反之，如果管理者總是以利己態度來看待事業，班底員工也只會亦步亦趨，無法得到思想上的昇華。

所謂動力，是員工工作時的持續動機。當他們只是想到自己，就難免自私自利，充滿私心妄念，導致工作能量的浪費。當他們總是想到他人，就會專注集中，享受在團隊中的每一刻。

隨著力量的從小到大，團隊員工表現出對團隊的歸屬感。員工動力力量排列，如圖2-6所示。

員工動力力量排列可具體解釋為如下層次。

最低時，員工把團隊純粹當成管理者的。他們認定企業發展如何，都只和管理者有關，而與其本人的現狀和未來無關。

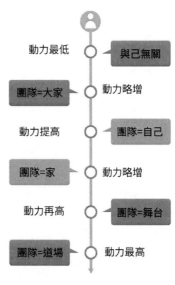

圖 2-6 員工動力力量排列

動力略增時，員工把團隊當大家的。他們認為團隊的發展情況，和身邊每個人有關，同時也和其本人有一定關係。

動力提高時，員工將團隊當自己的。他們開始具有一定的主角意識，認為團隊是自己職業的舞臺，也是成就感的來源，更與自己的未來息息相關。

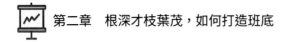

動力更高時，員工會將團隊當成家。他們開始對團隊的環境和氛圍愛護有加，希望團隊能越來越興旺發達，也將團隊中的每個人看作家人，願意同他們攜手合作、共同進步動力再高時，員工會把團隊當成人生舞臺。他們開始意識到團隊不僅是自己的職業歸屬，也是人生中的重要風景。自己在團隊中的付出和所得，都會建構成為人生的一部分。

動力最高時，把團隊當人生道場。他們將明白，無論自己從事的是什麼工作，在團隊中的每一分鐘經歷、處理的每一件事情，都是在修煉自我的能力與內心，是在藉助團隊去幫助他人、成就自己。因此，團隊才是通向人生境界的必經之路。

如果管理者能幫助團隊員工走完上述心路歷程，他們的動力將會不斷增長，足以使得他們重新看待自我。為實現這一目標，管理者勢必從自身做起，成為團隊員工的典範。

第三章
去做才是關鍵,如何打造執行力

　　執行力,即透過準確理解管理者意圖、精心設計
實施方案和對團隊資源(人、財、物、資訊、時間)
精心有效控制而實現團隊目標的能力。執行,就是將
事情做成功。沒有執行,團隊就無法成功去做。僅有
正確的策略,不可能帶來團隊的成功。真正成功的團
隊,必然是在策略和戰術上都正確無誤。

01
培養成果思維，努力拿到成果

對企業而言，什麼是真正的有效執行？執行不只是行動，也不只是過程。如果執行沒有收到成效，那團隊的努力是沒有價值的。無論執行多麼艱苦，都將毫無意義。

某老闆曾經在巡視工廠時發現，有一名員工正在擦拭電腦主機機箱，每個機箱都是擦三次。

他問在場的工人：「為何要這樣擦拭呢？」員工回答：「公司規定，我們就這樣做。至於原因，主管沒有說，我們不知道。」

老闆沒有再說什麼，而是找到生產經理：「為何要擦拭三次機箱？」生產經理表示，是為了將油漬擦掉。老闆便問：「那你為何不告訴工人擦三次機箱的目的，又或者不需要擦三次，就能擦拭乾淨？」生產經理頓時啞口無言。

針對這件事情，老闆召開了生產部門管理團隊會議。他宣布該生產經理應接受處分，原因是他只告訴員工如何去「執行」，而沒有讓團隊明確執行的成果到底是什麼，只是生硬地要求擦拭的次數，整個團隊因此欠缺成果意識。員工錯誤地認為，執行的目的就是為了擦拭三遍機箱，至

於成果則無須多問。在這樣的「執行」文化下，員工為完成任務而完成任務，工作效率非常低下。

　　行軍不是為了體驗前行，而是為了抵達目的地。團隊的執行，並非為了過程中的動作，而是為了最終的工作成果。因此，衡量團隊能力的標準，應以執行效果為依據。判斷團隊價值高低，也是從執行的成效觀察。管理團隊時，必須確保員工在執行之前，就對執行成效有明確認知。

任務不等於成果

　　在團隊培養和管理實踐中，最容易出現的誤解是將任務和成果畫上等號，導致成果意識的欠缺。

　　管理學家彼得‧杜拉克（Peter Ferdinand Drucker）曾說：「很多人傾向於解決問題，而不是實現成果。」長期以來，從員工到管理者，很多人的思維模式都停留在任務階段。在任務思維影響下，他們認為工作就是不斷完成任務。只要事情做完了，無論是否得到預期的結果，都是任務的結束。如果有所欠缺，那一定是因為外在環境條件不佳，例如資源沒有充分準備、體系不夠完善、時間緊迫等。久而久之，員工原有的士氣消磨殆盡，執行過程也無法向高效方向發展。

任務與成果的對比圖，如圖 3-1 所示。

圖 3-1　任務與成果的對比圖

在圖 3-1 中，左列為成果思維，右列為任務思維。

在任務思維下，員工只強調自己的「苦勞」，因此片面追求過程的重要性，反而導致結果缺乏價值。這樣的習慣一旦養成，就會對團隊工作造成負面慣性。與此相反，在成果思維下，員工更關注努力會不會創造「功勞」，更看重執行的結果是否有價值，這樣的思維會對團隊形成正面推動慣性。

管理者應讓員工清楚，「做了」只是過程，並不代表「做到」。每個人都可以「做了」，但只有正確的方法、良好的心態、充足的資源、準確的對象等一系列執行條件，才能讓「做了」變成「做到」。

同樣，「苦勞」雖有其重要意義，但並非執行的真正價

值。執行不是為了讓團隊去「吃苦」。恰恰相反，執行必須有所成果，吃過的苦才能變成對個人、團隊和企業的重要貢獻，「苦勞」才能最終轉化為「功勞」。

團隊管理應建立強大的成果思維，將之與任務思維區分開來，進而提高執行效率。為此。管理者必須注意以下兩點。

1. 積極培養意識

團隊管理者在員工開始執行前，應充分明確整個團隊應達到的成果、個人應達到的成果。隨後，進行思考，為了達到該成果，每個人和整個團隊應如何一步步實現。這樣，團隊員工就會明白目前手中的工作重點，了解執行能夠帶來的好處，進而提高個人執行力。

2. 以成果指導行動

在執行工作的過程中，管理者和團隊不能以按部就班的心態來看待，而是以對最終成果的影響，來衡量自身和團隊每個階段工作的價值。如果不能以成果來衡量，就很容易出現效率低下，進而影響整體執行結果。

成果思維的核心

市場只獎勵有成果的人，這就如同挖井，最終能喝到甘甜井水的，必然是擁有準確追求的團隊。

每個團隊得到的執行任務都是挖井，但想法卻大相逕庭。有的團隊將執行重點放在「挖」上，他們先選了一個地方，挖了五公尺，沒水。於是又找了一處地方，挖了八公尺，還是沒水。在這個地方不遠處，他們接著開始挖，挖了十公尺，依然沒水。於是他們精疲力竭地報告：「挖了好幾處，都沒有水。」

團隊管理者沒有引導下屬去重點思考「井」的問題，更沒有讓他們意識到，只有挖出「井」，才能拿到獎勵。結果，整個團隊都只想著「挖」，無法品嘗到井水也很正常。

很多情況下，團隊管理者總是將過多的注意力放在對員工行為的觀察和評價上。例如，什麼時間該做什麼工作、何種環節出現何種問題……這些雖然是帶領團隊必不可少的內容，但其基礎應建立在正確的獎勵上。整個團隊需要懂得獎勵來自成果的評價，他們才會帶著成果意識去看重細節、學習方法、豐富經驗。

反之，他們就會成為亦步亦趨的「童子軍」，只追求表面上讓管理者滿意，卻不懂得真正的目標。

只有成果，才能讓我成功。管理者應教導每一名團隊員工，讓他們意識到，執行看重成果，並不只是對企業負責，同樣是對個人的發展負責。

　　無論是社會還是職場，個人都不可能脫離其所處的團隊。當團隊有了成果，員工個人既能從成果獲得不斷增長的利益，也能從成果帶來的喜悅感中，獲得精神層面的成長，更能因為獲取成果的過程，而得到充足的經驗。不斷取得成果，每個團隊員工將會有所收穫，最終走向成功。

　　只有杜絕藉口、完美執行的人才能拿到成果。

　　「沒有藉口」是重要的行為準則。「沒有藉口」，培養的是每位團隊員工竭盡所能拿到成果的能力，而並非在執行過程中隨時隨地尋找失敗的理由。

　　巴頓將軍（George Smith Patton, Jr.）曾說過：「善於找藉口的人，必然在其他方面一無是處。」日後，巴頓在歐洲戰場上成為領導者，正緣於他從不會將客觀情況當成推脫的藉口。杜絕藉口，才能真正勇往直前，創造成果。

　　在企業團隊執行中，每個藉口的背後，都隱藏著豐富的潛臺詞，通常是員工不願意說出來，抑或管理者假裝無視、不願意去深究。這樣會讓整個團隊如同麻醉，暫時逃避了困難和責任，但從長期來看，藉口卻扼殺了種種可能獲得寶貴成果的機會。

例如，許多藉口將「不」「不是」「沒有」和「我」連繫在一起，其潛臺詞就是「責任與我無關」，試圖將問題推卸給團隊中的其他人，甚至將皮球踢到團隊以外。又如，一些藉口實際上來自拖延的壞習慣，某些員工雖然看起來忙碌，但他們實際上是在將本來只需要一小時完成的工作拖到半天甚至更久。

針對這些情形，管理者必須一針見血地向員工指出，藉口並不能幫助他們，也不能讓他們獲得獎勵。越是習慣於尋找藉口，就越是缺乏創新精神。管理者應提醒他們，尋找藉口的人將會變得越來越守舊，固守以前的經驗、規則和思維。

管理者也要了解其根源。通常喜歡尋找藉口的員工，或許是因為能力、經驗不足，或許是由於勇氣和責任心不夠。管理者應幫助和教導他們，進行自我改變。對於能力和經驗不足的員工，管理者應向他們指出，沒有誰天生能力非凡，正確的態度應該是正視差距和不足，以積極心態去努力學習提升，從執行中學習，在學習中進步。對於勇氣和責任心不夠的員工，則應幫助他們樹立積極心態，以更主動的姿態、更充沛的精力去面對工作。

無論何種原因，只要員工能正確分析自己遭遇困難的原因，願意著手改變，團隊管理者就應鼓勵他們，讚許他

們的改變，充盈他們的自信。當團隊中每個人都開始遠離藉口，整個團隊的精神面貌才會徹底改變。

02
培養責任思維，以高度責任感對結果負責

有人做過一次實驗，請演員分別在人多和人少的公共場合假裝暈倒，以測試周圍的反應。實驗之前，參與者曾設想過人多的公共場合中，會有更多的人伸出援手。但事實顯示，越是人少的地方，施救者反而越是積極，在人多的地方，袖手旁觀者反而更多。

之所以出現這樣的結果，原因在於責任思維。在人多的公共場合，人們之間更容易相互等待，認為責任並非由自己承擔；而當人少時，救人責任落在少數人身上，伸出援手也就順理成章。「一個和尚有水吃，兩個和尚挑水吃，三個和尚沒水吃」也表達了同樣的意思。

團隊執行力的高低與責任思維的強弱有很大關係。責任思維越強，整體執行力越高；責任思維越弱，整體執行力越低。

責任思維與結果導向

　　什麼是責任思維？責任思維就是杜絕藉口。擁有責任思維的團隊，不會聽見「假如」和「應該」。這樣的團隊中，員工不將成功與否歸咎環境，更不會將遇到的問題推到別人身上。每個員工都有責任感，用於肩負重任，也勇於承擔失敗的後果。他們知道，即便失敗，只要自己承擔了結果，實際上也是對結果的改變。

　　相比之下，在缺乏責任感的團隊內，員工缺乏執行力，團隊缺乏良好氣氛和工作動力。其中各種問題，都歸究為員工無法履行責任思維。這種不負責任的習慣，會導致員工之間逐漸丟失信任，導致合作關係的崩塌。

　　責任思維並不只是「我負責」三個字。除了有基本的責任心外，團隊員工還應有充分的膽識和能力，即結果導向思維。他們不只是在工作失誤後，用「我負責」來逃避問題，而是執行開始前，就尋找並調動一切資源，將工作做好。

　　管理者和員工共同改變團隊的命運，要從形成責任思維開始。責任是做好一切工作結果的保證。任何一名員工，只要願意為團隊利益著想，對自己的所作所為負任，並能持續不斷地尋找最好的結果，他們就能成為非常

優秀的員工，團隊也因此更容易成功。

　　勇於承擔責任，是團隊管理者必須積極提倡的工作精神。他應透過努力，讓那些勇於承擔責任、追求結果的人，被賦予更多使命，同時也得到更多收益。

為責任思維賦能

　　有位團隊管理者說：「我告訴團隊裡每個人，如果有誰做錯了事而不敢承擔責任，團隊就會請他離開。如果我變成這樣，那麼請把我也開除……這樣的人，缺乏責任心，沒資格成為團隊裡的一員。」

　　管理者不僅要具備這樣的意識，更要用實際方法讓團隊主動擔負起責任，創造結果。

▎1. 強調責任思維的重要性

　　透過管理者的引導，員工在面對工作時，都應養成專業態度，知道對待工作的態度將影響工作是否能順利完成。

　　在團隊中，既有經驗豐富的老員工，也有剛剛進入的新員工。管理者應提醒他們，責任思維對他們是同樣重要的。

對於老員工而言，無論在團隊工作多久，有多少汗馬功勞，都不應倚老賣老、敷衍了事，更不能隨意推卸責任。而新員工剛加入團隊，必須強化責任思維，不斷追求成長和進步。

對目標不負責，就是對自己不負責。是否能透過達成目標、獲得結果來完成自己的工作，不僅有關團隊，更與員工自身的收入、發展和工作環境密切相關。團隊管理者不能總是不讓員工看到責任、結果與個人利益之間的關係。管理者應透過明確的制度以及有效溝通，使員工充分意識到工作的目標，就是個人利益的一部分。

▌2. 團隊要樹立對員工的責任

團隊是企業的一部分，而企業屬於社會的一部分，需要肩負應盡的義務，為社會做出貢獻，履行社會責任。

在員工的責任方面，管理者要凸顯以下幾點：

（1）職責工作明確：完善團隊自上而下的管理模式，在團隊中制定嚴格的規章制度，健全部門職責和工作流程。這樣做並不能直接增強員工的責任感，但可以消滅員工推脫責任的空間。

（2）適當提高員工的個人收益：員工在團隊中透過工作獲得收入，這些收入用來生存。因此，個人收入是員工

最關心的問題。如果團隊能注重其個人收益，員工就會產生努力保住工作的想法，並為此認同團隊。

（3）盡可能滿足員工個人發展：在滿足生存需求後，員工的發展需求會越來越明顯。此時，團隊應該根據實際情況，支持員工個人發展，員工在這些支持下，能獲得自我價值的增長，他們就會更加關心團隊發展。因為此時團隊的前途已經和員工的前途緊密相連，員工對團隊的責任感大大提高。

3. 管理者成為典範

責任思維的形成和執行，要求團隊管理者扮演典範，他們應率先提倡、實施和落實，如果團隊管理者不樹立典範，員工就會喪失信心。

4. 增強責任意識

責任思維是完美執行、取得成果的法寶。只有高度的責任感，才能完美執行。因此讓每個員工都感到自己肩負的責任，感到工作是自己的責任。

增強責任意識，還要讓員工彼此之間因合作關係而強化責任。當同事面對某個困難，其他人應該主動關心、共享資源、共同解決。當同事在工作中出現失誤或不合格的

產品時，其他人也應自然地意識到其中存在自身的責任，繼而反思自己應承擔何種責任，抑或哪些是因為個人原因而出現的失誤。

管理者應引導員工充分理解，每個人的工作結果終究會成為整體的結果。同事工作結果的責任，也正是對自身工作的負責。

總之，團隊執行文化的實施，應立足於責任思維的普及，責任思維是團隊中最寶貴的。如何讓不同的人朝著共同方向走下去，並追求結果，其關鍵之處，就在於激發人的責任心。

03
培養挑戰思維，勝己者勝一切

挑戰思維作為重要的團隊管理文化，在實踐中不斷發展，現在已經成為企業管理中不可或缺的重要內容，被稱為「執行力的導航」。培養挑戰思維，讓團隊相信勝己者勝一切，可以在關鍵時刻扭轉團隊的局面。

培養挑戰思維，有五大要點，如圖 3-2 所示。

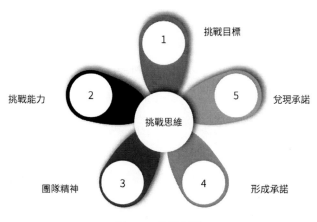

圖 3-2　挑戰思維

▊ 1. 挑戰目標

　　團隊除了需要堅定、明確和有可能達成的目標外，往往還需要面對具有挑戰性的目標。之所以應具備挑戰性，在於團隊員工會因為完成某個具有挑戰意義的目標而感到自豪和興奮，他們會為了獲取這樣的感覺更加積極地工作。

　　管理者的職責是激勵團隊努力，具有一定挑戰性但能達成的目標可以激發員工的動力。管理者應和員工一起，共同制定有挑戰性的目標和計畫。

　　團隊目標必須具有適當的挑戰性，才能給員工適當的壓力，激發他們的潛能和工作熱情，提高他們的執行力，從而更容易接近目標。當然，即便是目標，也必須是能夠

實現的目標。如果難度過大，看起來具有挑戰性，做起來難如登天，這樣的目標就會打擊團隊，無法讓團隊凝聚。

美國汽車之父亨利・福特（Henry Ford），曾提出有關新型引擎的研發計畫，這就是後來的 V8 引擎。最初，當福特將這個目標告訴設計師團隊時，所有人的第一反應就是：「這是不可能的。」然而，即便遭到了團隊的一致反對，福特還是將 V8 引擎設定為團隊的目標，要求整個設計團隊開始工作。

半年的時間內，整個團隊在設計和研發中度過。團隊員工不斷提出新的計畫，隨後又在不斷實驗中推翻，卻沒有取得任何突破。福特參與其中，鼓勵工程師們不要氣餒，有些員工提出質疑，福特不為所動，要求繼續研究。最終，這個團隊成功研發出 V8 引擎。

管理者要想建立高效率的團隊，需要讓團隊看到目標，從而為每個人指明方向。在制定目標時，管理者可以從以下幾個方面著手。

（1）充分熟悉團隊的基本情況：管理者應充分熟悉團隊員工的優缺點，知道誰執行速度較快、誰更謹慎等情況。這樣才能在執行過程中讓他們互相彌補對方的不足，提高工作效率。

（2）確定團隊目標：透過對團隊員工的了解和溝通，對團隊目標的分配進行修正。

（3）交流：在執行過程中，管理者不應忽視員工的感受，而是應該了解團隊員工的看法和意見。管理者應傾聽他們的想法，並記錄有價值的意見和建議。在安排工作時，也應盡量避免不同看法的員工合作，避免他們產生矛盾。管理者也需要表達自己的觀點，讓員工了解你對目標的想法。

（4）及時鼓勵員工：當團隊員工在執行中遭遇失敗時，管理者應和他們共同探尋失敗的原因，尋找解決問題的方法，鼓勵他們學習。透過管理者的鼓勵，團隊員工能在互相幫助中學會配合，從而達成任務目標。

制定目標，就等於達到了目標的一部分。在團隊中，每個人的潛能有很大部分來自壓力。如果不懂得「強迫」自己和員工，團隊就永遠無法發揮出巨大潛能。

▋2. 挑戰能力

市場、社會與企業在不斷變化，唯一不變的就是變化。團隊之間的競爭，也不僅僅是現有資源的競爭，而是成長競爭。成長速度越快的團隊，有資格贏得獎勵，而決定成長速度的關鍵，在於團隊是否具備了挑戰的能力。

　　成長必然帶有挑戰，是否勇於應對挑戰，迎接挑戰，是每個團隊成長的關鍵。所有的團隊，都是在挑戰成功後，獲得了他人所無法獲得的能力，並由此獲得大幅度的成長。因此，每當團隊順利迎接一次挑戰，能力就會增加一次。挑戰能力的成功，代表了團隊在成長。

　　拿破崙（Napoléon Bonaparte）有一句名言：「我的詞典裡沒有不可能！」他不斷挑戰。最初，他決定遠征埃及。隔著浩瀚的地中海，征服埃及談何容易？深入埃及的沙漠作戰，遠超過了當時軍隊的能力。

　　因此，所有人都認為這根本不可能。但拿破崙依然指明方向，繼續揮師南下。

　　果然，征服埃及是一種嚴酷的挑戰。海軍剛接近海岸線就遭到迎頭痛擊，幾乎全軍覆沒。但當拿破崙率領的援軍登陸後，獲得了埃及戰役的勝利。

　　身為管理者，必須為團隊能力的提升負責。管理者必須為團隊準備好工具，同時準備好「試題」。

　　管理者應該清楚地傳遞出對團隊和每位員工的期望，無論是團隊中的老員工還是新員工，在面對問題時，都需要去衡量目標，再付出時間和精力。因此，管理者幫助他們確定的目標和標準必須清晰。隨著能力的提升，管理者

的期望也必須隨之改變和提高，但必須保持清晰和明確。

為透過挑戰來培養團隊更高的能力，管理者需要探索達成目標的方法。當挑戰目標與標準結合，團隊員工就會力爭獲得挑戰的勝利。

3. 團隊精神

團隊的挑戰思維。首先是一種團隊精神，即在市場規則下，用創新和打拚，推動自己和團隊在劣勢環境下成長。管理者應意識到，競爭是殘酷的。無論是員工還是團隊，都必須面對強烈的競爭才能生存與發展。學會頑強生存、自行獨立，保持堅韌、發現機遇、忠於團隊，從而發揮每個人的最大價值。

管理，不應該是強迫式的，不應利用權力和地位去控制他人，正如一場體育比賽那樣，管理者既是隊長，也是教練，他必須展現出更強的意志力、更大的爆發力等。

團隊精神主要包括以下幾個重要方面。

（1）展現在團隊追求目標永不言棄的精神上：當管理者確定目標後，團隊員工秉持不屈不撓的作風，會克服一切困難堅定追求目標。

（2）展現在合作精神上：狼群在捕獵過程中，透過合作，戰勝強大的對手。

管理者應要求團隊內部各小組、各職位之間互相配合，對任何問題和困難快速回應。

（3）團隊精神展現在紀律：以團隊管理者為首，服從命令，善於團隊作戰。

4. 形成承諾

在團隊中，推崇挑戰，就意味著形成承諾。承諾至關重要，因為承諾是杜絕藉口、迎接挑戰的最重要武器。當管理者將承諾賦予團隊後，每個團隊員工說到做到、言行一致，團隊才能真正實現想要的結果。如果團隊無法形成承諾，員工言行不一致，團隊就會缺乏執行力。

在團隊中打造良好的承諾文化，管理者應要求員工做出書面承諾。在承諾時，員工必須考慮到兩方面，即「實現承諾有何獎勵」、「違背承諾有何懲罰」。管理者提供給員工的獎勵，必須是其真正想要的，否則員工就會沒有動力。懲罰也一定是其所害怕的，這樣他才會重視自己的承諾，努力趨利避害，擺脫不良後果。

當獎懲明確時，員工將更加重視自己做出的承諾。他們會想方設法完成承諾，並因此和團隊目標達成共識，將團隊的目標轉化成為個人目標，有更大的動力投入工作。

5. 兌現承諾

想打造團隊執行文化，就應提倡說到做到。為此，管理者也應重視自己的承諾，即在第一時間兌現獎懲和資源分配。

例如：在很多團隊中，少數員工未能完成目標，他們只是看起來很努力。因此，管理者不忍心批評或處罰他們。表面上，這樣的管理者很「人性化」。但實際上同樣未能兌現承諾，這不僅對其他優秀的員工不公平，也不利於少數員工的成長。

因此，管理者必須學會「對事不對人」，在第一時間按照制度獎懲。員工才會更積極面對工作，更會履行自己對同事和客戶的承諾。而當團隊擁有重視承諾的價值觀後，企業的挑戰能力才會隨之提高。

在團隊中，挑戰思維意味著「不挑戰自己永遠只能原地踏步」。管理者應教導員工，「戰勝自己是最偉大的勝利」、「勝己者勝一切」。

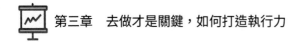

執行力落實的七個方法

　　讓好的執行方案落實，才能形成團隊的強大執行力。想要讓團隊走上事業的巔峰，管理者必須做好每一件事，積極尋找讓執行力落實的方法，並獲得團隊員工的積極配合。

執行氛圍的營造

　　執行力的落實，不能依靠強硬命令，而是需要使員工耳濡目染，形成凡事追求成果的習慣。

　　為了營造良好的執行氛圍，應主要注重運用以下幾種方法。

▍1. 賞罰分明的獎懲機制

　　對團隊執行力的有效管理，離不開賞罰分明的獎懲機制。當員工完美執行目標時，團隊管理者要獎勵。當員工未能完成預定目標時，就要進行懲罰。如此，團隊才能激發出每個員工的潛力，並在團隊中形成員工的競爭意識，推動所有員工共同進步。

例如：利用會議，公開表揚員工，並給予獎勵，同時要求他們分享自己的工作經驗，使得這些優秀員工獲得優越感。業績排在後面的員工，也會想方設法地超越，朝第一的位置努力追趕，形成良性競爭。

同時，管理者也要恩威並施，對那些沒有完成目標的員工，一方面應提出嚴肅批評，傳遞自己的失望感；另一方面還應積極安撫他們，讓他們明白批評並沒有惡意，而是為他們的未來著想，幫助他們找到問題並加以改進。

▋2. 發揮優秀模範作用

當團隊員工越來越多時，管理者不可能總是有足夠的時間、精力去和每位員工進行充分交流溝通，也不可能引導每個員工。此時，最明智的方法，是樹立典範。藉助這些優秀員工激勵團隊中其他員工。

打造高執行力的團隊，並不需要管理者事必躬親，而是要感染和激勵整個團隊的情緒，從而確保執行的落實。

▋3. 傳播積極向上的正能量

執行落實看似容易，在實際操作中並不簡單，需要管理者持續為團隊打氣。無論管理者還是員工，在團隊中都應該傳播積極向上的正能量，摒棄一切不利於員工鬥志的

負面內容。各員工在交流時，不論如何，都應盡可能傳播積極向上的態度，相互鼓勵打氣，讓團隊成為信心和鬥志的港灣。

例如，當員工抱怨某件工作太難，影響自己的業績時，如果任其傳播，就很可能導致其他員工也抱怨自己碰到的問題。這樣，團隊中就會逐漸充滿負面情緒，影響其他員工的信心和熱情。

管理者應引導員工改變抱怨的習慣，這除了帶來消極情緒之外並無益處。團隊員工只有努力培養自己積極向上的心態，用奮鬥精神來化解執行中的難題，才能讓執行真正落實，同時帶來良好的團隊氣氛。

▌4. 定期檢查執行的成果

管理者應制定階段性的執行目標，並確保檢查過程的公開、公正。尤其在對員工執行成果價值的判斷上，應遵循基本原則，即從結果，而不從過程進行評價判斷。

定期檢查過程中，管理者應多看員工的執行成果，其評價標準必須隨時圍繞執行的預定目標。如果沒有完成，需要團隊員工提交分析報告，分析自己為何未能完成目標，並尋找改善的方法。如果在下一階段的檢查中發現仍未達標，就應採取較為嚴厲的懲罰措施。

執行流程的革新

在賽車比賽中,當賽車時速達到 200km/h 以上後,高速的摩擦會迅速磨損輪胎,因此,必須在比賽期間進行輪胎更換。然而,比賽分秒必爭進行中,更換輪胎的時間有多長呢?答案是驚人的 3.2 秒。

在短短的 3.2 秒,整個團隊接力進行工作。第 1 秒,工作人員拔起輪胎。

第 2 秒,新輪胎已經就位。第 3 秒,輪胎換好。隨後,賽車迅速駛出。正是這種嚴謹的流程,確保了執行力的落實。

在團隊中,並非預先設定了工作流程,執行力就必然落實。不少企業團隊中,流程制定了很多,但執行力還是無法提升,其關鍵在於流程設定繁雜,導致執行困難重重。例如:團隊完成某項工作原本只需要三個步驟,但流程環節劃分過細,進而導致執行效率的降低。因此,優化執行流程是執行力落實的重要保證。

透過流程優化,減少不必要的環節,就能堅守步驟,確保執行力。對比很多中小團隊,流程繁雜、環節過多是執行力落實的阻礙。雖然很多團隊看似實行了流程化管理,卻沒有達到預期的效果,這是因為執行力低下的問題。

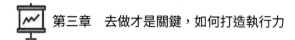

透過優化執行流程完成執行力的落實，主要應利用三種方式，如圖 3-3 所示。

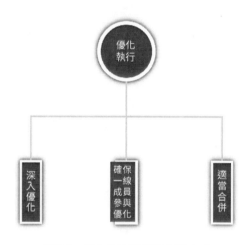

圖 3-3　優化執行流程的主要方式

優化執行流程的主要方式主要包括以下幾個重點。

1. 深入優化

流程中的步驟、環節沒有可行性，重複執行導致員工整天揹著流程的壓力前行。此外，流程中的規定過於局限，其中有些環節沒有必要，卻被寫進了制度。這導致團隊必須安排更多人員負責，不僅增加了人力成本，還由於人力過多，配合難度加大，不利於執行。

執行的流程化管理，是為了將原本複雜的工作簡單化，

將煩瑣的工作精細化，將混亂的工作程式化，而不是人為地將簡單事情複雜化。在設定流程時，必須考慮是否精簡，是否能進一步優化。只有深入優化的流程，才是最佳的流程，帶來最快的執行效果。

2. 確保一線員工參與流程優化

每個團隊必須面對不同工作，每項工作都有一定流程。對於這些流程，了解最深入的是一線員工。在優化執行流程時，管理者需要將優化流程的任務交給一線員工，讓他們提出看法，從而真正做到減少步驟，同時又不影響執行效果。

3. 適當合併

如果一項流程中有一個或多個環節類似，或某些環節費時費力，不妨加以合併，交由特定職位負責。這種合併的策略，能夠節省大量的成本。

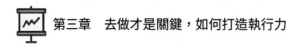 第三章　去做才是關鍵，如何打造執行力

第四章
做事不找藉口，執行的九大要領

　　團隊組織執行過程中，有不可或缺的三大內容，即正確的因素、正確的目標、正確的方法，分別對應執行資源、執行對象和執行過程。團隊管理者圍繞三大內容的要求，帶領團隊員工加以執行，能杜絕團隊尋找藉口的可能性，保證完美執行。

01

時間限制

在你的團隊中，是否出現過下列情況？員工看著堆在辦公桌上的檔案越來越多，卻不肯著手做起？員工是否總在瞻前顧後，不願邁出行動的腳步？

沒有時間限制的目標，實現就會變得遙遙無期。團隊執行過程中，拖延現象屢見不鮮，時間不斷延誤。表面是員工個人的拖延習慣，實際上是整個團隊在執行過程中忽視了時間限制。

對時間限制的忽視

如果管理者未能重視時間限制，團隊員工就是會將時間限制定為「明天」，在「明天」的自我安慰中，度過一個又一個今天。殊不知，時間不斷流逝，當團隊員工將今天應完成的事拖到明天，這個「明天」就很可能將團隊葬送在今天。

忽視時間限制的行為有輕重之分。一般來說，團隊有可能將事情趕在最後時間限制之前完成。由於未能造成嚴重後果，管理者經常會忽視。但實際上，這是典型的自欺

欺人，因為團隊總是在最後完成工作，就總是能擁有「時間不夠」的藉口，來應對不佳的執行效果。類似的執行問題，還有如下表現。

▌1. 得過且過

面對較為困難、複雜的工作，團隊員工容易產生拖延心態，認為事情只要拖下去，最終總能解決。於是，他們不到最後，絕對無法集中注意力。

▌2. 過分自信

有些團隊員工，認為自己工作能力突出、經驗豐富，覺得越是壓力大，效率反而會越高。在從拖延、緊張到解決的過程中，他們反而能找到一種樂趣，享受最後關頭。這種過分自信的態度，忽視了團隊的需求，加大風險，在百密一疏下，可能會出現錯過時間限制的問題。

▌3. 害怕開始

團隊中有些人欠缺自信，總是不敢動手執行。這種總是在逃避的心理，會讓他們更容易產生挫敗感。當管理者催促、同事質疑時，他們又總是不斷檢查問題，導致效率越來越慢。

▌4. 追求完美

有些團隊員工總想盡力做到最好。他們對完美的追求超過了對效率的掌握，總是會拖延到最後一分鐘才行動。這經常導致團隊錯過時間限制，或者花費的時間超過預期。

忽視時間限制的重要性，就無法放眼未來。

高效規劃時間限制

效率，就是企業最大的競爭力。同為團隊管理者，有人能做到遊刃有餘，帶領團隊，有人則終日忙於應付，總感覺時間不夠，更不用說必要的休息。而前者的工作成績，卻往往比後者更好。其中區別，在於管理者對時間限制的規劃能力不同。

根據統計結果顯示，團隊管理者每天花 20% 時間和主要客戶或員工溝通，花 30% 時間在協調和會議上，花 10% 時間用在郵件、電話連繫上，花 5% 時間在檔案整理、審閱上。剩下的時間，用於處理團隊中最緊急的事情，以隨時掌握時間限制，規劃任務的進度。除此之外，他們每天還會留下一些時間，用來處理可能出現的突發事件。

這些優秀管理者對時間的規劃能力，值得每個團隊管理者學習。時間規劃力是團隊管理者和員工需要具備的重

要能力。在開始任何執行行動之前，管理者和員工都應學會辨別事情的輕重緩急，讓執行更加流暢順利。這樣的能力，稱為時間規劃力。

提升時間規劃力的主要方法，如圖 4-1 所示。

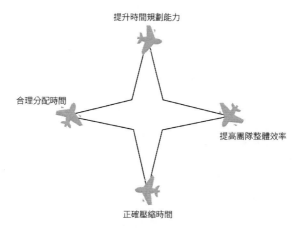

圖 4-1　提升時間限制規劃力的主要方法

提升時間限制規劃力的主要方法有以下幾點。

▌1. 提升時間規劃能力

有關時間限制的規劃，一般會涉及時間分配、工作規劃、計畫、方案的構思製作等，同時也牽涉到團隊人際關係、組織關係的協調以及各種資源。這些工作的時間進度安排設計，需要管理者具備結構式的思考方式，並將之灌輸給員工。

例如，團隊管理者應從自身做起，帶領員工每天都要弄清楚以下問題。

(1) 今天有哪些工作需要交接、溝通或報告？

(2) 什麼時候、向誰進行交接、溝通或報告？

(3) 哪些資料需要準備就緒？

(4) 哪些流程是新的？

(5) 對昨天的哪些結果進行確定？

(6) 有多少郵件、電話需要回覆或發送？

(7) 上述工作總共需要花費多少時間？

(8) 還有多少個人支配的時間？

透過回答這些問題，整個團隊都可以對各項事務按照緊迫性、重要性來區分優先等級，並在各項任務上合理分配時間，有計畫、有步驟地安排。久而久之，所有員工的時間規劃能力都會有所提高。

2. 合理分配時間

執行並不是依靠片加班來達成的。真正的時間規劃高手，會以身作則，帶領團隊員工進行合理分配，統籌安排，提高效率，而並非延長工作時間來確保執行完成。

在執行過程中，合理分配時間的能力，主要展現於以

下方面。

（1）積極做好年度、季度、月度、每週、每日的工作規劃，確保各項工作能有條不紊地進行。

（2）隨時檢查團隊和個人日程表中的任務，便於進行協調安排。

（3）引導團隊利用時間，並在時間內完成任務。

（4）積極分析任務並進行歸類，按照「重要與否」和「緊急與否」歸類。

3. 提高團隊整體的效率

如果想按照時間要求，順利完成專案，管理者必須學會提高團隊整體效率。無論管理者個人能力多強，也需要團隊合作才能實現。

想打造一流的企業，必須擁有一流的工作效率，想要打造一支高效率的團隊，管理者應從以下幾個方面入手。

（1）明確定位每個員工：在任何團隊中，團隊管理者都不能有太強的個人英雄主義。否則，整個團隊對時間限制的關注力就會下降，員工會「指望」管理者來規劃和催促，難以發揮應有的注意力。團隊管理者應促使員工明白，他們才是執行的主體，而不是被動跟隨者。

（2）建立訊息溝通的管道：管理者應幫助團隊內部積極建立訊息溝通管道，鼓勵團隊中的員工進行及時有效的溝通，確保訊息能以最快的速度上傳下達。當訊息的障礙消除後，就能有效地調整團隊的節奏和步伐。

（3）適當加強對團隊的監督管理：如果沒有必要的監督管理，團隊執行的品質和時間，就難以得到保證。任何時候，團隊管理者都不能放任團隊員工行動。

團隊執行效率高低，取決於團隊管理者是否能有效監管團隊。一個好的團隊管理者，能透過自身的監督管理工作，影響團隊員工，調動所有人的工作積極性和工作熱情。

▋4. 正確壓縮時間

每一次專案的執行，都會有一定的時間限制。團隊管理者應該對完成所需要的時間做出正確猜想。每一次完整的流程，必然會包含很多環節，但整個執行流程所需要的時間，並不等同於所有環節完成時間的相加。因此，團隊管理者應懂得在執行中進行調整，懂得壓縮時間，使執行能按時完成。

想要對時間限制進行正確壓縮，團隊管理者可從以下幾個方面入手。

（1）將工作分派下去，由不同負責人，對時間限制進行預估。這種做法一方面能提高團隊員工的工作責任感，另一方面也能盡可能避免時間誤差。因為團隊管理者個人的工作精力是有限的，僅憑其一個人對執行時間進行估算，難免會出現誤差和漏洞。

（2）考慮到執行過程中的意外，預留時間。在專案執行過程中，很容易產生一些意想不到的情況。團隊管理者應確保整個執行過程不會受到太大影響。

（3）應考慮團隊員工的工作能力和效率。管理者應針對團隊員工的能力和效率，確保執行順利。一味趕時間，表面上符合時間限制，但實際上難以保證執行的品質。

正確規劃時間，可以讓自己處於掌控中。想成為優秀的團隊管理者和員工，就必須學會控制時間。

02
永不放棄

放棄者沒有執行力，擁有執行力的人不會放棄。那些擁有執行力的團隊員工，總會完成任務。在團隊提高執行力的修煉中，管理者必須賦予員工重要的抗壓心態，即使

工作中遭受三番五次的挫折、打擊甚至失敗，也依然能做到永不放棄。

團隊有時可能不斷遭遇困難，員工會產生抱怨情緒，管理者甚至會傾向於放棄。此時，管理者不妨換位思考，如果你是第一次接手這個團隊，是否也會如此輕易放棄？如果你是剛進入這個團隊的員工，是否又能接受這種放棄？在如此思考後，你將會重新找回執著心態，遠離退縮情緒。

無論是普通員工還是管理者，許多團隊失敗的關鍵，在於內心雖有志於成功，但在遭遇多次挫折打擊之後，就選擇了放棄而不肯再次努力。殊不知，團隊只要再堅持一點、努力一點，就能獲得成果，而不是與其擦肩而過。

從成功的團隊管理者身上，可以看到很多優秀的品質和精神，其中共同點在於永不放棄的執行能力。所謂永不放棄，即無須來自外界的壓力，就能堅持下去，直到成功。能夠做到這一點，意味著團隊也會在管理者的帶動下，有信心、有決心去執行。

永不放棄的品質，主要表現在以下幾個方面（見圖4-2）。

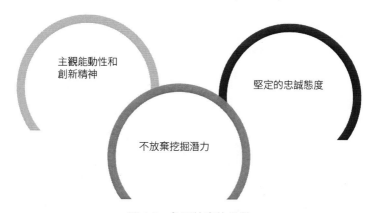

圖 4-2 永不放棄的品質

1. 主觀能動性和創新精神

在工作中，團隊擁有永不放棄的主動精神，就會為了完成任務而充分發揮主觀能動性，克服艱難險阻。能夠帶動團隊做到這一點的管理者，才是值得信賴的管理者，才是推動團隊發展的建設者。

永不放棄，還包括源源不斷的創新精神。在遇到困難時，管理者不可能總是胸有成竹，知道每個步驟應如何完成。但是，他們應懂得繼續深入思考，主動尋找和發現答案，擺脫既有的陳舊思維模式，考慮各種辦法，從中選擇出最好的。

▌2. 堅定的忠誠態度

永不放棄，還需要樹立對企業的忠誠態度。

團隊只有對企業忠誠，才會產生強烈的事業心和責任感，使之能在執行過程中艱苦奮鬥、不畏困難。

▌3. 不放棄挖掘潛力

面對團隊，管理者既是管理主體，同時也是管理客體，既是獨立者，也是團隊中的一員，既有別於團隊中每個員工，又要充分融入其中。在這樣的環境中，他們必須懂得不斷開發自身和他人的潛力。

不放棄、不拋棄，這不僅對個人有用，對於追逐夢想的團隊也同樣非常有用。

人類的潛力，像流淌在地層深處的水流，而日常工作中的種種困難，則是河流表層的混濁水層。濁水價值不大，但只要堅定地向下挖掘，就能找到清流。大部分時候，團隊員工和管理者都生活在「表層」，而有用的能力是需要花費一定時間和精力去獲取的。

為此，管理者應引導員工做一些挑戰自我的事情。例如：每天堅持做一件原本認為自己難以完成的事情，並把事情做好。同時，還可以發現團隊中的不足，再加以完善。

透過類似措施，無論員工目前處於團隊中的何種職

位，都不會停止學習和自我提升，並持續挖掘自身潛能。

挖掘自身潛能，需要學會分析自身優勢，反思自己的不足，同時還要不斷進行自我暗示。管理者應清楚，當團隊員工情緒相對穩定時，引導他們進行自我暗示，會在潛意識中產生更強烈的作用。

每個人的潛能都是無限的，團隊潛能更是如此。管理者應鼓勵自己和員工更自信一點、更好奇一點，堅持挖掘自身潛能，就很可能會發現意外與驚喜。只要不放棄追求進步，所有的困難都會迎刃而解。

信守承諾

信守承諾，意味著「說了就要做到」，它證明團隊內部的信任感，更能使外界相信團隊會達成目標。具體到個人，信守承諾在團隊中也是讓員工備受重視的能力，更能讓管理者受到所有人的尊重。

誠信是人與人共同合作的準則，也是團隊內部溝通的橋梁，是建立信任關係的基石，同時代表著團隊的尊嚴。對於那些無法信守承諾的人或團隊，可能會遭遇不斷地否

定，可能會在執行中遭遇更多困難、繞更多彎路。

「人無信不立」，在複雜多變、競爭力日趨激烈的當今社會，一個人想要在團隊內安身立命，誠信是非常重要的。而一個團隊想要提高效率，也同樣離不開誠信。因此，團隊無論何種承諾，都應在第一時間加以兌現，而不能空喊口號。定出的目標，就要用生命去捍衛。

百分之百信守承諾，在變化多端的環境中實屬困難。因為在執行過程中，有很多客觀因素在干擾管理者和員工。但管理者必須幫助員工記住「君子一言、駟馬難追」的道理。無論執行有多困難，只要承諾了，就必須竭盡全力完成。

在執行過程中，信守承諾主要包括以下幾點。

▎1. 信守承諾即實事求是

實事求是是信守承諾的具體展現，也是原則。無論是個人工作，還是和團隊配合，員工都應做到坦誠，既不能誇大事實，也不能有所掩飾，更不能為了表面上的業績無中生有。身為管理者，應勇於積極主動地向團隊展示真實結果，勇於面對問題，從而樹立信守承諾的典範。

▎2. 制定承諾的規則

一個團隊的信用如何，取決於其內部的規則。如果承諾是謹慎的，就能言出必行，信用自然上升。反之，如

果團隊員工隨意開出空頭支票，就會落入互相猜忌的陷阱中。

懂得承諾的人，才會懂得履行，他們將更有組織能力，更具有影響力。團隊管理者可以採用下面規則，增強整個團隊信守承諾的能力。

(1) 在溝通中，應清楚表示同意哪些事情、反對哪些事情。不要讓同事、客戶產生錯誤期待。尤其應該避免漫不經心的口頭承諾。承諾越是隨意，越容易造成誤解。

(2) 無論員工或管理者，都不應為部門、團隊或企業許下不切實際的承諾。

如果承諾有特定的完成日期、數量、目標等，就應積極達成，而不是將這些作為參考數值。

(3) 無論員工或管理者，對自己難以百分百承諾的事情，應勇於在第一時間說「不」。對於原本就無意承諾的事情，更應當場拒絕。

(4) 除非碰到真正緊急情況，否則不應隨意更換會議、活動的時間。即使需要為此重新調整日程，也好過放棄承諾帶來的負面影響。

(5) 團隊機密資訊應在保密範圍內傳播或討論，任何人都不應違背保密原則。

（6）重視員工或管理者在工作甚至生活中的承諾。這是因為團隊內外會有很多雙眼睛，觀察團隊是否能做到履行承諾。如果不能做到，就會讓他們感到失望、動搖和不信任。

（7）管理者的價值觀也會傳遞出承諾，必須保持敏感。例如：管理者告訴員工，他們的努力與團隊對他們的評價息息相關，員工就會將這個訊息解讀成為承諾，即團隊會對他們的努力給予獎勵。如果員工透過努力，為團隊做出了貢獻，他們就會期待獎勵。

信守承諾，目的在於建立充分互信的團隊。管理者必須以身作則，言行一致，將信守承諾變成日常行為。

建立團隊

團隊，是指一群互助互利、團結一致，為同一目標努力奮鬥的人群。團隊不僅強調個人，更強調整體業績。團隊期待透過員工奮鬥而獲得勝利，這些勝利將超過個人業績的總和。團隊精神的最高境界，展現全體員工的向心力、凝聚力，反映出一致的利益，進而保證團隊的運轉。

個人服從集體

團隊「精神」的作用，在動物界也有所展現。高空中不知疲倦的雁群，猶如一支訓練有素的軍隊，無論多遠距離，都能保持完整的隊形。

牠們中的每一隻鴻雁，無論何時何地，都會以團隊利益為重。

雁群是團結的群體。每隻鴻雁的飛行狀態，都受到團隊的約束。年老而經驗豐富的鴻雁，會帶領大家，牠時刻保持警惕、觀察危險，並保持正確的飛行路線。其他的鴻雁也各司其職，牠們需要在飛行和休息過程中，隨時留意四周情況並相互關照。儘管長途跋涉，雁群都會保持標準的「人字形」，以此降低空氣阻力，直到抵達目的地。

團隊精神來自制度的制定和執行。任何制度，都是管理者智慧、經驗、教訓的結晶，正因如此，優秀的團隊管理者在塑造團隊精神時，應對制度十分重視。

為了杜絕陽奉陰違的現象，管理者必須清除那些破壞團隊精神的要素。所有不服從紀律的員工，都是團隊的潛在危害者，他們必須離開團隊，以避免破壞制度的權威，影響其他員工。同時，那些服從制度的員工，能夠為團隊帶來更充沛的執行力，為其他員工帶來真正的成果。因

此，管理者應強調尊重和服從制度。

　　服從的習慣，不僅能讓員工變得敬業，還能讓整個團隊猶如一臺高度精密的機器。當其中所有零件都履行自己的職責時，整臺機器運轉自如，久而久之，將能發揮出效能，團隊的執行力也就會提高。

建構願景

　　很少有團隊員工對管理者直接說「我不知道工作的意義」，但實際上，很多員工都這麼想。雖然他們每天忙忙碌碌，但往往認為工作了無趣味，毫無意義。規律的上班生活，讓員工們覺得是在扼殺青春，完成任務，讓員工認為被無情剝削。之所以產生這樣的情況，是因為整個團隊缺少崇高的願景。那麼，願景究竟是什麼呢？

　　願景之於團隊精神的作用，等同於理想之於個人的意義。歷史上取得非凡成就的人，不僅因為他們有超越他人的智慧和天賦，更在於他們很早就確定了自己的理想。對於理想的不斷追求，彌補了他們在學歷上、地位上、資本上的不足，並幫助他們產生強大的鬥志，以源源不斷的毅力超越競爭對手，克服一個又一個的障礙，從優秀走向了卓越。

　　因此，終身擔任保險公司小職員的卡夫卡（Franz Kafka），最終成為文學殿堂的傳奇；連小學都沒有讀完的愛迪生，最終創立了龐大的科學研究技術公司；學徒出身的洛克斐勒，最終讓自己成為富可敵國的商界鉅子……他們曾經是社會的底層，但他們秉持非同常人的理念，才能改變自己的命運。

牛頓痴迷於實驗，而將懷錶當雞蛋；法拉第在新婚之夜將妻子丟下，自己進了實驗室。巴菲特能夠堅守股票長達十幾年，最終獲利……他們不僅有遠大的理想，同時也將自己的全部身心投入其中，並取得驚人的成就。

有了明確的共同願景，團隊員工們猶如在茫茫的黑暗大海上看見明亮的燈塔，找得到前進的方向，理解自己辛苦工作的意義。當團隊員工發現了那盞明燈，他們將明白自己的汗水值得，因為那是獻給了人生中的事業，他們也自然而然會全力以赴，追求工作中的更大成就。

在尋找意義的過程中，管理者應該扮演好利激發員工的角色。管理者不應指望員工自動自發。團隊的願景需要管理者為員工指明，管理者是願景的設計者和傳達者，是整個團隊的「造夢師」。

團隊精神的建立，並不是耳提面命的灌輸，而是透過管理者自身工作經歷和表現，為員工們指出努力的意義和

方向。可以說，團隊管理者自己選擇怎樣的工作態度，將會深深地影響到團隊員工。

為團隊賦予榮譽感

在團隊組建過程中，塑造榮譽感是團隊管理者的關鍵任務。團隊精神最強調的特質就是榮譽。所謂榮譽不僅是個人操守，更象徵個人為團體犧牲自我的精神。不可能人人都成為指揮者，更需要良好的協同者。那些違反規定，漫不經心工作，甚至找尋各種理由的行為，是不能容忍的。

集體榮譽感，就是團隊的靈魂所在，是團隊精神的最佳展現。榮譽感是所有員工的指路明燈。正是由於集體榮譽感的召喚，才能打造出優秀的團隊，培養出優秀的員工。

透過塑造榮譽感，將團隊精神賦予每個人，使其成為團隊得以持續健康發展的保證。因此，每個團隊的管理者，都應不斷培養員工的集體榮譽感，喚起他們對團隊的責任心，以更為飽滿的精神狀態投入工作中。

團隊管理者想要更好地培養團隊精神，還要多關注細節、關心員工生活，盡可能多了解他們的生活和工作情況。團隊管理者只有將員工當成家人來關心，在他們有困

難時，讓他們感受到來自團隊的幫助，他們才會將團隊當成自己的家，更加具有團隊榮譽感。

05
杜絕藉口

為自己的不佳表現找藉口，或許是團隊的缺陷。如果未經訓練，員工遇到事情沒有做好，很容易找各種理由推脫。如果做了卻沒有成果，他們也會逃避責任。

其實，這並不能責怪員工。因為人性的本能就是尋找藉口，從中獲取安全感，否則，既覺得不安全，又對其他人感到內疚。在這種本能驅動下，找藉口成為理所當然的事。更嚴重的是，喜歡尋找藉口的人，並不覺得這是逃避責任的表現，更不覺得這會降低整個團隊的執行力。

有調查顯示，在那些執行力和效率低下，最終失敗的團隊中，大部分員工都喜歡找藉口。與此相反，成功者很少找藉口，他們勇於承認錯誤、承擔責任，並因此而更快地找到解決問題的辦法。

優秀管理者領導下的團隊，從不會在工作中尋找任何藉口，他們總是會盡力完成每一項工作，做到超出客戶預期，

解決客戶的問題。他們總是能完成任務，解決問題。他們也會盡力配合工作，對同事提出的幫助和要求，不會找藉口。

反觀許多常見的藉口，例如：「我塞車」「我沒學過」「我來不及」「我的事情太多了」等，總是將否定與「我」連繫在一起，潛臺詞就是此事與我無關。這樣的員工，不願意承擔自己的工作責任，將自己應做的事推給別人。管理者不能放任這類人不斷增加，這是因為團隊中員工越會找藉口，越會在無形中提高溝通成本，團隊協調合作的能力也大大削弱。

尋找藉口，還會導致整個團隊養成拖延的壞習慣。在很多執行力低下的團隊中，都有這樣的員工。他們看起來非常忙碌，似乎在盡職盡責。但他們是將本應 1 小時完成的工作變成半天時間乃至更長。因為他們並不擔心如何應付未完成的工作任務，他們早已為此「儲備」了各式各樣的藉口。

此外，喜歡尋找藉口，還會讓團隊員工變得墨守成規。管理者無法再期待他們能在工作中積極主動創新，打造出令人驚喜的業績。因為藉口足以讓他們躺在之前的經驗、規則和思維慣性上，等待「成功」的到來。

藉口對團隊帶來的危害非常嚴重，打破對藉口的依賴，團隊才會有積極的執行態度。管理者應教導員工，努力拒絕

藉口,將每一項工作做好,而不是為做不好尋找各種理由。

打破藉口依賴的方法,如圖 4-3 所示。

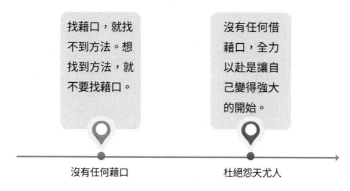

找藉口,就找不到方法。想找到方法,就不要找藉口。

沒有任何借藉口,全力以赴是讓自己變得強大的開始。

沒有任何藉口　　　　　杜絕怨天尤人

圖 4-3　打破藉口依賴的方法

打破藉口依賴的方法,主要有如下兩種。

▋1. 沒有任何藉口

美國的著名軍校有著延續多年的傳統,遇到問話時,只能有四種回答,分別是「是」、「不是」、「不知道」和「沒有任何藉口」。除此之外,不能主動多說一個字。

「沒有任何藉口」,是優秀團隊的重要行為準則。在團隊中推廣、倡導這句話,能強化每個員工完成任務的決心,而不會為沒有完成任務去尋找藉口,能有效提升團隊凝聚力和競爭力。秉承這一理念,許多傑出管理者建立了自己優秀的團隊。

找藉口，就找不到方法。想找到方法，就不要找藉口。只要管理者能從自身做起，在工作中拒絕找藉口，就能將管理者的精神在團隊中傳播。對團隊狀況不滿的管理者，也應積極向其他優秀團隊管理者學習，尋找更多方法去影響團隊，而不是尋找「員工不努力」、「環境不佳」、「客戶挑剔」的藉口搪塞。只要堅持不找藉口，團隊的執行力一定能有更好的發展，管理者個人也會收穫良多。

▌2. 拒絕怨天尤人

沒有藉口，是指不能去找任何藉口，即便藉口彷彿很合理，團隊管理者和員工也不應怨天尤人。

無論怨天尤人的內容看起來是否合理，藉口是否能說服人，其所產生的負面作用都是相似的，即導致團隊無法從跌倒的地方重新站起來，也不能從眼下的困境中發現求生之路。怨天尤人的理由越是「充足」，團隊員工就越是不能提升自我，還很容易陷入容易犯錯、責怪環境、不思進取、重蹈覆轍的惡性循環。

不滿與抱怨，確實是日常溝通中最常見的情緒，也是善於尋找藉口的員工經常利用的擋箭牌。管理者與其放任他們怨天尤人，不如教導他們踏實做事。應該讓他們知道，抱怨是惡性循環，與其一味抱怨，還不如做一點有意義的事情。

如果只是一味等待別人幫自己改變環境，就永遠也不會成功。

杜絕怨天尤人，需要管理者引導員工用積極的心態去面對工作。

在他們的帶領下，員工將控制自己的情緒，為團隊做好自己應盡的本分。他們將會明白，沒有任何藉口，全力以赴是讓自己變得強大的開始。

06
精益求精

在這個時代，競爭越來越激烈。為此，執行者只有憑藉精益求精的精神，才能實現高標準。一個團隊的產品和服務品質，也只有依靠每個員工精益求精的態度才能打造。

如果在考試中，你只想追求及格，結果往往會差幾分。如果你決心考全班前三名，結果很可能會在前十名左右。

「一分耕耘，一分收穫」，很多時候只是美好的期待，真實情況是一分耕耘換來零分收穫，五分耕耘換來四分收穫，九分耕耘換來八分收穫。只有十二分耕耘，才可能有十分收穫。如果將衡量標準降低，就只能達到比正常標準

還要低的成果。相反，團隊如果能盡自己的最大努力，就可能達到完美的境地。

管理者應要求員工，任何工作都能做得更好，而團隊需要的是最好的結果。只有不斷地追求完美，才能不斷地得到認可。無論在日常工作，還是最終結果，都不應該敷衍了事，而是反覆修改，直到認為最好才提交。

管理者需要啟發員工思考：對於執行，你真的已經發揮了最大能力，已經做到盡善盡美了嗎？在團隊中，每個員工都有自己的特殊才能，無論是管理、協調、溝通，還是策劃、文案、美工，抑或銷售、服務、諮詢……無論員工具有什麼才能，都沒有理由浪費，而是應該盡量去發揮。不僅如此，只有追求完美地發揮，才能得到比他人更好的結果。

在團隊中，倡導精益求精的態度，需要管理者積極帶領員工在各個方面努力實踐。

精益求精的態度，如圖 4-4 所示。

圖 4-4　精益求精的執行態度

精益求精的態度具體內容：

▌1. 避免應付搪塞

應付了事，是員工經常出現的問題。他們信奉當一天和尚敲一天鐘，對於工作，他們很少去認真分析，而是敷衍。這種敷衍的工作態度對團隊所造成的危害，遠超過沒有執行。因為如果員工沒有執行，管理者還可以重新安排其他人員來頂替，但如果接受了任務而只是應付完成，就會導致整個團隊遭受矇蔽，最終使目標無法有效實現。

為此，管理者不應忽略監督的重要。管理者不能認為目標清晰，同時又提前制定了執行標準，還有嚴明的制度指導員工，員工就一定會完成。事實上，執行環節是由人完成的，人的主觀意識、工作能力、工作效率，都會影響。管理者只有做好督促檢查工作，引導員工正確做事，才能保證員工不出現應付搪塞的問題，將風險消滅在萌芽狀態。

▌2. 克服馬虎輕率

追求精益求精，整個團隊就要克服馬虎輕率的毛病。在不少團隊中，很多員工之所以不能精益求精，並非其主觀故意不能做到，而是形成了草率的工作習慣。在執行過

程時不注重細節，在檢查問題時缺乏慎重，導致無法精益求精。

　　管理者應及時發現問題，並改進、調整和培養。如果員工粗心大意的壞習慣能及時發現，並得到迅速解決，就不至於影響大局。同時，壞習慣暴露，也能顯示出團隊訓練的不足，越早加以調整，對精益求精的執行標準建立，就越是有所裨益。管理者和員工應充分合作，形成主動反省、發現問題的精神，管理者應激發員工主動改變工作習慣。

3. 迅速回饋

　　精益求精的前提在於穩定的高標準，這離不開團隊內建立起良好的標準。為此，管理者可要求員工在執行過程中的每個環節，向自己進行彙報情況，說明任務完成情況如進度、問題、資源等內容。對於這些工作彙報，管理者可以透過各種手段方式迅速回饋，既能表明自己對員工工作的支持和重視，也能形成標準，確保員工在執行的每一步，都能更好地了解執行標準，並在必要情況下，對執行標準進行調整。

07
接受監督

●●●

IBM 董事長安迪‧格魯夫（Andrew Stephen Grove）曾說過：「團隊絕對不會做你希望的事情，只會做你檢查的事情。」這意味著執行的成果來自檢查，檢查的力度決定執行的高度。再好的執行制度缺失了檢查監督，就會無法落實。在企業管理的日常工作中，只有將檢查監督的作用充分發揮，才能進一步提高團隊執行力。

檢查並非代表不信任，而是為了確保產生的成果。越是經驗豐富的團隊管理者，越注重檢查監督。

執行力的提高，不能停留在說教的層面上。身為管理者，必須積極樹立檢查監督意識，依據現實情況，對不同的團隊員工設定不同的檢查時間，並隨時結合檢查情況，提醒、幫助那些執行力不佳的員工調整狀態。身為員工，無論管理者是否檢查，都應樹立正確的工作態度，完美達到執行應有的標準，以隨時迎接檢查監督。

透過檢查監督，管理者能夠形成獎懲分明的管理體系，是提升管理效率的有效途徑，從而加強責任落實。對於員工而言，檢查監督能使員工及時知曉並調整自己的執行方向。

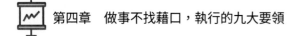

在整個團隊執行中，檢查監督也非常重要。透過檢查監督，可促進團隊內部互助體系的完善，使全體員工開展真正的團隊合作。

管理者應熟悉檢查監督過程中應注重的事項。團隊檢查監督過程中應注重的事項，如圖 4-5 所示。

圖 4-5　團隊檢查監督過程中應注重的事項

▌1. 檢查監督原則

檢查監督包括公開性、公正性、時效性和週期性等特性，管理者應對這些特性有全面的認知。其中，公開性要求管理者必須以事實為基礎展開檢查，並以此審視檢查結果。公正性要求管理者將問題公開，也不帶有針對性。時

效性要求管理者能在第一時間檢查督促，就問題的內容進行整治。週期性則要求管理者必須規律性地檢查，而不是心血來潮，隨意為之。

更重要的是，管理者還應在團隊建立橫向檢查監督系統，要求團隊內平級員工相互檢查執行成效，指出問題並幫助改善。

2. 檢查重點清晰

檢查監督並非易事。在團隊中，一個管理者可能對應著上百個員工。為了確保檢查重點清晰、突出關鍵環節，管理者要在檢查之前做好準備。對於那些規模較大、週期較長的執行專案，管理者在檢查之前應制定詳細計畫，包括檢查的時間安排、採取的步驟、人力配置等，同時做好記錄。

3. 制定明確的檢查標準

管理者應提前制定明確的檢查標準。通常檢查標準不應低於執行開始前制定的目標，但也應依據情況，隨時加以改進。檢查標準包括兩個方面，其中，有既定目標的標準，用以衡量工作完成情況，也有實踐結果的標準，用以找出差距，以彌補計畫的不足。

▎4. 端正檢查態度

　　管理者在進行檢查監督工作時，應保持公正客觀的心態，不能抱有成見，更不能戴著有色眼鏡去看待員工。同時，也不應將檢查變成形式主義，不能應付了事。檢查監督必須了解真實情況，總結經驗教訓。

　　對於檢查中發現的問題，管理者必須持續跟蹤，從而徹底解決，提高員工的工作效率。

獎懲方式

　　再完善的團隊制度，再合理的執行架構，如果團隊員工不夠積極主動，無論如何培訓，其執行效率也會逐步接近於零。當管理者面對鬥志不高的團隊時，又該如何激發他們的潛力呢？不少管理者陷入困惑，儘管他們使出渾身解數，但團隊猶如一臺生鏽的機器，只能艱難運轉。面對這樣的情況，一套有效的獎懲機制是最好的辦法。

　　獎懲，是團隊管理中最重要的工具。人性永遠是趨利避害的。當利益在眼前時，人們會爭先恐後地追逐，而痛苦在眼前時，人們又會避之不及。身為管理者，必須懂得

這一點，以獎懲機制，來增強團隊的執行力。

在建立和執行獎懲機制過程中，管理者應注重以下要點。

1. 獎懲機制設立

有效的獎懲機制，可以概括為三句話，即收入能高能低，職務能升能降，員工能進能出。

(1) 收入獎懲

調整收入高低，是非常現實的獎懲措施，但很多團隊實際上卻並未落實。有些團隊只有上調體系而沒有下降體系，有些團隊則恰恰相反，這兩種都導致「高不成低不就」。

在獎勵時，管理者應捨得投入，讓那些創造了業績的員工在短期內就獲得立竿見影的回報，讓其他員工感到欽羨。當團隊捨得「分錢」，員工也就捨得投入。

在懲罰時，團隊也應勇於面對那些執行成果不佳的員工，尤其是勇於對「元老」員工進行薪資調整。如果團隊整體業績不佳，管理者也應捨得動自己的「蛋糕」，主動帶頭降低薪資。這樣才能成為團隊中有力的獎懲工具，引起所有員工的關注。

(2) 職務獎懲

職務獎懲的難點在「降職」。降職之所以困難，通常出於兩種原因，首先是團隊管理者很難決定對團隊內的下屬降職，其次是即使有降職作為處罰的機制，但員工的錯誤往往達不到降職標準。但現實中，如果管理者「不忍」制定更嚴厲的制度，將那些不符合要求的主管降職，日積月累後就會對團隊形成永久性傷害。為此，必須將降職作為必要的懲處手段。

(3) 流動獎懲

企業應保持充分活力，在部門之間，人員必須有所流動。同時，這種流動也應該是各個團隊內部的獎懲手段。

傑克·威爾許（Jack Welch）領導公司期間，每年強制淘汰 10％ 的員工。為此，他還提出了「活力曲線」，如圖 4-6 所示。

活力曲線示意圖中，橫軸代表業績，縱軸代表達到業績的員工數量。利用圖 4-6，管理者很容易區分出業績排在最前面 20％ 的員工、中間 70％ 的員工，以及業績最後的 10％ 員工，可以將之分別命名為 A、B、C 類員工。

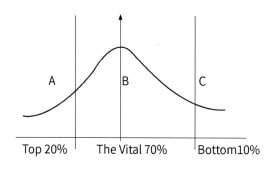

圖 4-6　活力曲線示意圖

　　A 類員工自身充滿活力，並有能力帶動周圍人提高效
率。B 類員工能完成執行，但缺乏帶動他人的熱情活力。
C 類員工不能勝任自己的工作，還經常會拖累別人。

　　對此，威爾許主張將大部分獎勵給 A 類員工，同時管
理者花費大部分精力，將 B 類員工培養為 A 類員工，並將
C 類員工從團隊內清除出去。雖然看起來對 C 類員工很殘
忍，但真正的殘忍實際上是放任他們。

　　流動獎懲的本質，是團隊必須正視員工之間的差距。
這需要對企業員工的工作表現進行評價，再進行分類或排
序，按照一定比例標準，將最差的員工予以調動或辭退。

▌2. 獎懲措施

　　獎懲措施不僅要公平公正，更要具體。要對症下藥，
採取可行、行之有效的措施。

獎勵方面，團隊管理者應頒布獎勵條款，明文規定獎勵。在團隊執行過程中出現應獎勵的人或事時，應及時獎勵。獎勵可以分為物質和精神獎勵，兩種方式都應靈活運用，不能偏重於其中一種。只使用精神獎勵措施，員工會認為管理者只「畫餅」。只使用物質獎勵措施，員工的期望會變得越來越高而難以滿足。結合不同團隊的實際情況，合理調整獎勵措施，能收到最持久的激勵效果。總之，獎勵不能吝嗇，要讓員工心花怒放。

　　同時，懲罰要罰到員工膽顫心驚。懲罰措施必須嚴格而公正。任何人一旦違規，都必須接受同樣的處罰。懲罰與獎勵的措施必須對應，如同一枚硬幣的正反面，兩者相輔相成、缺一不可。

　　無論獎勵還是懲罰，其執行都需要有時效性。遲到的獎勵、懲罰，都會失去應有的意義。

09
創造措施

　　善於創造措施、尋找方法，去解決執行過程中的問題和困難，是決勝的根本，更是一個團隊保持競爭力的保

障。無論何時何地，善於創造措施的團隊，比遇到問題就逃避的團隊，有更多成功的機會。

實際上，任何人都會在執行中遇到難題，沒有任何問題的理想狀態幾乎不會存在。面對困境，團隊不必擔憂和逃避，只要不斷找出措施，困難終將迎刃而解。

當然，問題和困難相對容易發現，措施卻難以確定。「方法不足」，經常成為團隊員工躲避的理由。很多團隊員工習慣在現實面前退縮，選擇降低目標。為此，管理者應幫助他們了解，執行就是通向目標的道路。在執行中，團隊不可能總是一帆風順。但真正成熟的團隊，永遠不應該降低原先制定的目標。他們會不斷圍繞目標，設定新的路徑，尋找新的方法。同樣，管理者應持續帶領團隊員工不斷尋找。

每個人對待執行的態度是不同的。善於尋找問題和困難的管理者，同樣也擅長尋找應對的方案和辦法。那些不善於發現問題的人，通常更不會主動去尋找解決問題的措施。透過積極觀察和思考，才能奠定尋找措施的基礎。

在執行中，每個問題都有其特點和難點。管理者需要具體分析，積極尋找解決措施，不可隨意亂用方法，模仿、套用都不能真正解決問題。遇到新問題時，可以多嘗試幾種措施，從中找到最有效的途徑。

透過集思廣益、開闊思路，能為解決問題提供有重要參考意義和價值的方法，不僅有利於管理者帶領團隊繼續堅持目標，也能激發團隊員工的潛能和熱情。更重要的是，他們將從中收穫解決問題的信心，在下一次面對類似情況時從容不迫地尋找方法。

創造措施，是團隊成長的關鍵動力，如果不能創造成功的新措施，就意味著只能原地踏步甚至衰退。創新既是團隊成長的客觀要求，也是應對競爭的重要手段。懂得創造的團隊，遠比不懂得創造的團隊具有更為長久的生命力。

創造措施的最大敵人，即常規思維的慣性。定式思維人人皆有，在日常生活中，能提供「習慣成自然」的便利性。但是，在面對執行時，如果整個團隊仍然受其約束，就會導致措施越來越陳舊，難以面對新的市場態勢和競爭需求。

創新不只是菁英引領的，在執行過程的創新上，很可能展現為思考方向上的探索、工作方向的變化，很可能在點滴變化中產生結果的重大差異。

執行力是創新力的基礎。一流團隊之所以成為一流團隊，在於其解決問題的方法充滿針對性，但這一基礎在於具備執行力。沒有執行力的團隊，再好的創新構思都無法實施。

同時，創新雖然建立在腳踏實地的執行之上，但不能

一味追求「穩」。如果過於擔心風險，就會丟失尋找新方法的可能，從而進一步丟失效率，顯得得不償失。

　　管理者應強調，現代團隊中最需要的人才是既具創造意識，又具創造能力的員工，他們不僅善於發現問題，也能創新地解決問題。他們不僅能夠獨立解決問題，還善於和團隊內外的其他人員合作解決。他們不僅能獲取和運用新的知識和技能，也能對現有的知識和技能，進行重新組合與開發，形成解決問題的新能力。為培養這樣的員工，管理者必須抓住多種機會，利用不同形式，從各個層面維度，激發團隊創造措施的積極性，使團隊始終保持進取精神，並充分發掘和發揮他們的創造能力。

　　在執行中，創造措施的方法主要有以下五大法則（見圖 4-7）。

圖 4-7　創造措施的五大法則

▌1. 分裂式創造措施

對於一個團隊而言，如果停止了「細胞分裂」，其創造措施的能力就會受到抑制，執行力的發展也會變得緩慢。因此，團隊管理者不妨將原有的團隊管理層員工作為核心，讓他們在團隊內部自由挑選資源，解決問題，形成新的「團隊」。在此過程中，人力、財力、時間等工作資源得以解放，由於規模較小、工作目標集中，更容易激發創造意識。很多成熟團隊的創造性措施，都來自這樣的「分裂」。

▌2. 推崇「站式」管理

當麥當勞陷入難關時，團隊管理者推出了「站式」管理，要求將主管的椅子靠背全部鋸掉，傳達的訊息是讓所有人走出辦公室，深入基層。此後，麥當勞度過難關，迅速盈利，成為全世界最知名的速食品牌。

「站式」管理是成功團隊的管理常態。「站式」，意味著管理者深入到團隊，隨時了解實情，和基層員工探討解決問題的方法。

▌3. 激勵員工創新

團隊應積極舉辦創新活動，合理安排消息共享，促進團隊內創新氛圍，確保那些有重大貢獻的員工，能獲得應有的物質和精神激勵。

▌4. 重視舉措的設想

如果將「執行力」片面理解為「做而不思考」，就會導致團隊內所有員工都採用同樣的方式在思考，用相同的舉措在解決問題，這將導致團隊的創新能力越來越低下，能夠利用的方法越來越單一。

管理者想要讓團隊永遠具有創新能力，就應該重視團隊員工的不同設想。無論這些設想最終是否能轉化為執行方案，都值得管理者的鼓勵。例如：可以鼓勵員工以不同的方式思考，以不同的觀點來處理問題、反映問題，這樣就能創造出許多新機會，使團隊全員產生新的理解，從而進一步提高執行力。

▌5. 發揮鯰魚效應

如果一個團隊內的人員長期固定不變，團隊氣氛就會缺乏新鮮感和活力，容易產生惰性，無法創造新的措施。因此，有必要及時補充新員工加入團隊，製造出新的競爭氣氛，使團隊不斷保持自我成長的能力。

在創新活動中，最關鍵的是提出解決方案的人員，他們才是創新的倡導者。為此，他們不但需要具備純熟的技術，還應了解團隊發展策略和經營方向，同時具備強烈的進取心。

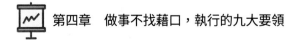

　　團隊必須有一定比例的創新者，無論他們來自團隊內部還是外部。管理者應充分考察人員本身的能力、技能和知識水準，是否能勝任工作。

　　透過上述方法，團隊將形成積極鼓勵創新精神的氛圍，團隊員工對活動的積極參與，將能開啟創新活動的良性循環。

第五章
能承諾有措施，執行的六大步驟

　　真正到位的執行力，是將想法變成行動，將行動變成結果。執行力是將企業目標從上至下的貫通，使每一層次的目標都能明確達成，再根據目標設計流程。其中，主要目標包括明確成果、完善措施、完成期限、獎懲措施、挑選檢查人和承諾。實現這些目標的步驟，構成了團隊流程管理的生命週期，也決定了團隊執行能力的強弱。

01

明確成果

在團隊中，經常會出現令人費解的現象：A 的工作早已完成，卻遲遲沒有交出結果。B 員工因為沒有拿到這一結果，其工作也就無法開始。

當管理者問起情況時，A 員工表示，自己不知道應該將成果交給誰，而 B 員工則同樣表示不知道應該找誰要成果。

在執行中，如果沒有預先確定成果的交付對象，就難以使成果迅速交接。而團隊的工作，大部分都需要和同事合作完成，每位員工承擔的某個部分，最後由所有人將各自成果統整起來，形成整體結果。在這樣的工作過程中，如果某些員工的工作成果不符要求，導致無法統整，就無法形成團隊整體的執行力。

此外，在團隊合作中，還經常會出現前一項成果是後續工作的前提，尤其是生產線中，這種情形更為明顯。如果前一道程序出現次品，下一道程序就無法進行。團隊執行中，很多員工都在不斷花費時間和精力，彌補上一道程序的問題。

　　為避免類似情況反覆出現，執行的第一步驟是確定員工應交付的成果、成果應交付的對象。這需要管理者提出兩個問題，首先是「員工取得什麼成果，就完成了任務」，其次是「責任人應該將成果交接給誰」。

1. 應取得何種成果

　　生產型企業中，可以直接用合格產品作為成果模型，這是衡量執行成果的標準。無論管理者或員工，只需將工作結果與模型對照，就能立刻檢驗成果是否合格。

　　然而，在大多數知識技能型團隊中，並沒有如此具體的成果模型，大多數時候都只能透過語言，對成果進行描述。此時，就要避免描述不夠準確的問題，減少各種誤差，盡可能詳細地描繪成果。

　　為此，團隊應為成果擬定可衡量的評估指標，只要將成果和評估標準加以對照，成果是否能提交就一目瞭然，責任也就無從推卸了。

　　在對成果標準的敘述中，應該注重具體、清晰，為此應運用以下元素。

　　（1）數量：用具體的數字來描繪成果牽，使成果提交變得更簡單。但如果運用「大幅度」、「小幅度」、「大約」、「盡可能」、「大概」等詞彙，成果的提交就變得困難，甚至

導致團隊內部無法進行公正、公平的考核。

成果明確前後的標準描述內容，如表 5-1 所示。

表 5-1　成果明確前後的標準描述內容

明確前	明確後
讓經銷商對產品感到滿意	將銷售商滿意度提升到 90% 以上
有效減少投訴率	將投訴率降低為 50% 左右
透過培訓顯著提升團隊績效	透過培訓使團隊績效評分提高到 90 分

在表 5-1 中，「滿意」「有效減少」和「顯著提升」等描述，都是無法明確的，團隊管理者和員工都很難確定成果是否達成，是否可以提交。而使用數字來具體描述成果，就非常明確，只需要對照數字，成果即可一目瞭然。

（2）時間：時間指完成成果的期限，團隊應該為執行中每個成果的取得，設定具體完成期限，而不是讓成果變成空頭支票。

（3）品質：指成果的具體內容，相關描述應明確而具體，包括外觀、功能、客戶驗收標準、技術規範、產業標準等內容。

（4）成本：成本投入多少，也是衡量成果的重要標準。成本不只包括金錢花費多少，還包括人力、時間等。

▌2. 提交成果的對象

責任員工應該將其執行成果交給誰？管理者必須在開始之前，就交代員工。成果交付給誰，就意味著員工需要對其負責，接受其考核。身為團隊管理者，也應該讓他們知道相互考核的必要性。

在團隊中，幾乎所有員工都懂得企業應該向客戶負責的道理，因為客戶是「甲方」，是「出資方」。但在提交執行成果時，員工往往欠缺對內部客戶的服務意識。

內部客戶，是指團隊或企業內部的員工，即同事、上司、下屬或合作團隊的其他員工。當員工提交成果時，很多人想要努力讓上司感到滿意，其原因在於上司決定了其薪資和升遷的機會。對於下屬或同事，他們就顯得非常隨意，甚至由於下屬或同事之間關係密切，即便成果沒有達到要求，也不得不接受。

為了消除員工在團隊內外交接成果不明確，管理者應預先設定成果交接的規則。一旦不通過，就應予駁回。這樣，每個員工才能自我約束，提升成果。

▌3. 要求成果的種類

對於成果，不僅是團隊內部的工作機制，同時也是每個團隊員工對自身工作的要求。在日常工作中，管理者應

要求他們圍繞以下三種內容，確定自身工作成果。

（1）績效目標：在團隊中，績效目標通常為一個整體，而需要對其進行分解，成為各個小塊，然後再對這些小塊進行分解，直到能將其分解到小組或員工個人，從而確保工作成果的可實現性、責任的可追究性。

分解到個人的績效目標應該是明確清晰的，例如：「12月應完成的營業額為 20 萬元」。同時，團隊內部對績效目標進行分解時，也應遵循一定的流程。績效目標分解流程，如圖 5-1 所示。

在制定個人績效目標時，團隊管理者應注意以下關鍵環節，使個人績效目標能發揮更好的作用，幫助員工實現成果。

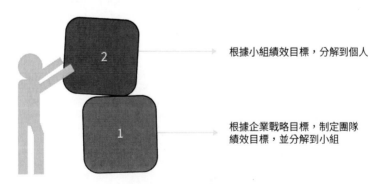

根據小組績效目標，分解到個人

根據企業戰略目標，制定團隊績效目標，並分解到小組

圖 5-1　績效目標分解流程

① 層級不同，績效目標制定的原則不同：如果員工屬於高階主管，則應制定個人績效目標，以對應企業策略目標。

② 保證績效目標導向作用：團隊員工的績效目標，應用於成果，而非過於詳盡的安排，否則，很容易變成工作計畫。

③ 績效目標需要支撐：想要確保績效目標實現，轉化為團隊工作的成果，不能僅依靠員工個人努力，還應以團隊的制度、規範、流程作為支撐。

④ 績效目標需要完善：經過分解，形成個人績效目標後，應該要求各級員工先詳細分析實現目標的可能途徑，並在具體實行過程中，進一步完善和改進。

⑤ 溝通落實：在對績效目標進行分解和落實時，團隊各員工之間必須進行充分溝通，使員工認同其個人績效目標，並和上級、同事對此成果預期達成一致。

（2）增員目標：在行銷業務型的團隊中，增員是提升執行力必不可少的。增員能夠帶來更多的力量，進而可能提高整個團隊的執行效率。因此，增員目標也應在團隊形成後，再分解到個人，形成可期待的具體工作成果。

設定和分解增員目標，主要包括以下兩個步驟：

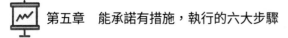

① 設定團隊增員目標：需要先確定團隊業績目標，預計現有人員完成的比例，計算需要多少新員工完成目標，即確定團隊增員目標。

② 根據上述團隊目標，結合現有團隊員工的數量、能力、工作安排，進行有效分解，確定每個員工應完成的成果。

（3）成長目標：沒有明確成長目標或目標不確定的員工，其所提交的工作成果很難完美。成長目標，有利於員工在執行中不斷自我完善。一旦知道自己想要在執行中變成什麼樣子，就有了動力，無論對於個人還是團隊都是如此。

當團隊員工為自己定下成長目標後，目標將發揮雙重作用，它既是員工付出努力的依據，同時也是有效的鞭策，隨著員工越來越接近成果，他距離成長目標也越來越近，因此產生成就感。對員工而言，隨著時間的推移，員工實現了一個又一個執行成果，他的態度和工作方式也將逐漸提升，接近成長目標。

因此，團隊管理者不僅應該關心執行成果，同時也要關心每個員工的成長目標。

02
完善措施

在執行過程中，措施就是方法和過程。措施代表著執行流程的形式和內容。當一項任務需要分段完成時，就意味著需要準備對應的完善措施。

措施的分類

團隊執行中，通常採用不同的措施，管理者應將執行過程分解細化，形成不同的措施分類，予以精確管理。

1. 行銷措施

行銷型團隊，是企業的重要基石。想要讓各項行銷活動能順利進行，必須做好行銷措施的創新、建構和運用。

（1）傳統行銷措施：該措施強調將產品和服務提供給客戶，經過長時間發展後，形成較好的客戶群體和基礎。這種措施強調與消費者的積極交流溝通，管理者應引導團隊員工用產品、親身體驗去吸引客戶，幫助客戶獲得購買的樂趣。

（2）網路行銷措施：網路行銷措施具有傳播範圍廣、速度快、跨越時空、內容詳盡的特點。透過網路行銷，團

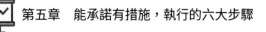

隊能與更多潛在客戶建立良好的溝通管道，能根據客戶年齡、身分推薦資訊，使更多人了解到產品和服務。

（3）行銷策略：無論是傳統還是網路行銷，都需要一定的行銷策略，主要包括產品策略、促銷策略、價格策略等。

① 產品策略，包括產品或服務的設計、款式等內容，必須結合產品或服務的實際情況和客戶實際需求，賦予產品或服務全新特色，使其在客戶心中留下深刻印象。

② 促銷策略，是指團隊透過一些促銷手段，進而增加銷售額。例如：舉行活動、折扣、抽獎等方式，實現促銷目的。團隊可以將這一策略融入行銷措施中，讓客戶了解團隊行銷的產品，促使他們購買產品。

③ 價格策略，是指團隊透過對產品的定價進行調整。價格策略的調整，需要考慮成本、市場和競爭等情況，以此形成有利於團隊的行銷措施。

2. 激勵措施

在團隊執行過程中，除了用優厚的物質獎勵、積極的精神鼓勵等激勵手段外，還可以用工作本身激勵，這也是團隊執行過程的重要步驟。類似的激勵措施，要求團隊

管理者能從員工成長和執行的過程中，達到激勵團隊的效果。

下面這些激勵措施，經常被優秀團隊管理者加以使用。

(1) 讓員工參與團隊重大事項的決策

想要讓團隊員工兢兢業業地工作，就要為他們開闢參與團隊重大決策的空間，允許他們提出個人意見。這樣的激勵方式，能夠將團隊管理者單方面的意志，變成員工共同的決定，將企業的大目標變成員工的小目標，並在執行中一一實現。

例如：可以讓員工平等地進行討論，增強他們的工作責任心，使他們從中體會到更大的成就感；也可以要求員工就已有的決策提出建議意見，使措施能在細節上有所改動，更適合於員工理解和執行；還可以廣泛徵詢員工意見，蒐集建議，鼓勵他們為團隊獻計獻策。如果採納了員工的建議，應該及時獎勵。即便沒有採納，也應該說明原因，從而提高積極性。

(2) 授權激勵

想要讓員工承擔責任，團隊管理者應學會讓員工擁有自主權，能按照自己所選擇的方法來完成工作。這樣，員

工就能放開手腳，滿足實現人生價值的需求，團隊執行的效率就會提高，整個團隊的執行力也會得到提升。

(3) 情感激勵

團隊管理者應積極走進員工內心，了解他們的想法，建立雙向的情感與思想連繫，從而滿足員工的心理需求，提高員工的工作積極性，員工會自發形成和諧融洽的工作環境，心情愉悅地工作。

▎3. 合作措施

今天的團隊，越來越重視合作的重要性。想擁有強大的執行力，必須運用合作，這是一種以團隊為單位的工作方法。

具體而言包括如下幾點。

(1) 引導員工將團隊看成工作單位，發揮集體力量，產生 1+1 ＞ 2 的合作效果。

(2) 引導員工選擇有挑戰性的工作，這樣才能利用合作關係，互相團結幫助、取長補短，以熱情投入工作，直到完成工作目標。

(3) 管理者也應對團隊大力支持，讓他們感受到合作環境來之不易，有團隊管理者在背後的支持，幫助他們實現合作。

（4）榜樣激勵：應經常進行表揚，鼓勵他們向榜樣看齊。例如：可以用「優秀員工榜」或「團隊之星」等，在團隊進行宣傳。在榜樣的帶動下，確保所有人知道自己應該做什麼、怎樣去做。

執行中措施的完善

幫助團隊員工執行工作任務，是團隊管理者最基本的任務和能力。管理者可以從日常工作著手，使得團隊員工提高效率，節省更多時間和精力。為此，改善執行措施，提高員工自覺，顯得十分必要。

下面這些方法，可以進一步完善團隊的執行措施。

1. 職責分解

要讓每一位員工都能具體承擔職責，這樣，就能鍛鍊每個員工的能力。

2. 工作流程

讓每個員工具體寫出並安排工作流程，以形成整體運作流程。此外，在評估工作時，應嚴格按照工作流程進行。

3. 獨立操作

管理者不應過多干預，要發揮員工的主動性，鼓勵他們放心大膽地面對壓力，獨立完成工作。

4. 及時總結

管理者應及時帶動他們總結經驗教訓。為了幫助員工總結，管理者必須學會分析研究問題，以便做好準備。

03
完成期限

無論對任何團隊，時間期限都是最公平的資源。在執行的各個領域層面上，期限代表的是效率和價值。想利用時間，團隊管理者就應積極了解目標的完成期限，並學會管理期限。

執行完成期限的管理，離不開對執行目標的明確，對執行過程中各類事件的排序。同樣，團隊管理者還需要了解有關時間利用、員工運作的規律，以此順應自然和社會規律，讓團隊在執行中更加有效地運用時間。

截止期限

如何為執行設好截止期限？主要運用以下幾種方法。

1. 完成任務的時間

準備完成某項工作或任務時，應提前為自己或團隊設立截止日期，規定工作最晚應在何時完成。

在執行過程中，管理者不應在團隊沒有完成任務時放鬆。如果不控制好時間，就很可能導致時間被浪費。

2. 設定專注時間

無論是管理者本人，還是團隊員工，一旦在執行中出現拖延，就應為自己設立專注時間，並立即開始倒數計時。這樣，在心理上會產生壓力，促使自己集中注意力以完成任務。

可以在團隊內規定，將 20 分鐘定為工作的專注時間。在 20 分鐘內，必須專注於眼前的執行，不能受任何干擾。20 分鐘專注之後，可以集體休息 5 分鐘，深呼吸或者活動一下，讓身心適當放鬆，再設定下一個專注時間。

當然，根據執行任務的難易不同，可以調整專注時間。

▌3. 創造性拖延

所謂「創造性拖延」，即在完成工作期限內，對短期工作或步驟優先處理、重新調整。例如：可以允許員工將自己喜歡的工作或步驟提前完成，而將不喜歡的那部分延後，這樣就能帶著充分的信心和動力去進行困難部分，並確保工作目標完成。

需要注意的是，創造性拖延過程中，優先處理的短期工作，必須與工作目標有關，而不能是其他無關緊要的事情。

提前期限

在執行過程中，管理者和團隊不僅要提前期限，更要設立有效的提前期限。提前期限能讓團隊具有更緊迫的執行意識，透過優化流程、完善步驟，儘早完成工作。

實現提前期限的主要法則如下：

▌1. ABC 優先法則

為了在提前期限內完成工作，可以將需要完成的執行步驟分為 A、B、C 三大種類。根據等級分類，安排工作順序。管理人員在管理團隊時，可以要求員工依據上述法

則,做好工作。此外,員工本人也可以利用這一法則,更好地掌控時間,在提前期限內達成工作目標。

ABC 優先法則,如圖 5-2 所示。

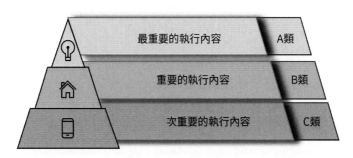

圖 5-2　ABC 優先法則

管理者在使用 ABC 優先法則時,應注意以下三個步驟。

(1)準確劃分工作:其中,A 類工作時最需要立刻進行的,這類事務不能有任何拖延,必須在提前期限之前完成。B 類工作是中等的,也應該馬上進行,但並不會像 A 類工作那樣急迫,可以提供員工緩衝時間。C 類工作價值較低,即便員工未能在提前期限完成,也不會對整體成果造成嚴重影響。對於這類工作,可以延期到截止期限之前再完成。

(2)適當增加工作類別:如果管理者認為只有 A、B、C,不足以涵蓋所有工作,還可以適當增加類別,即 D 類

工作。這類工作和流程基本無關，員工可以將這類工作做完，但做不完也沒有影響。團隊可以認為這類工作並不存在，但如果有機會完成，就有可能得到意料之外的收穫。

（3）進一步細化：在內容較多時，將工作分為 A、B、C 遠遠不夠，可以將之進一步細化，分為 A1、A2、A3 等，依此類推，讓流程更井然有序。這也能加快執行速度，提前完成工作。

2. 二八法則

二八法則認為，對於任何工作而言，都可以分為兩部分，各占工作的 20％、80％。其中，20％指其中最有價值的工作內容，80％指雖然占據多數但並沒有那麼重要的事情。

透過運用該法則可以在分析和解決問題時，避免平均分配時間。儘管平均分配時間和精力看似穩定，但會導致難以提前完成工作，甚至可能超過截止期限。反之，學會抓住重點關鍵，才有可能實現事半功倍的效果。

例如：先將客戶分為 20％和 80％兩種，然後再抓住關鍵，將資源給 20％最有可能帶來充足訂單的客戶身上。這樣，才能保證在提前期限內，完成任務。如果對每個客戶都一視同仁，只會放緩完成任務的腳步。

在絕大多數情況下，普通團隊無法將每件事都處理得當。管理者應該追求的狀態，是團隊員工能夠盡最大努力，找到關鍵的 20%問題加以解決。

04

獎懲措施

獎懲措施是執行的保障。許多團隊都有和獎懲相關的制度內容，懂得獎懲制度重要性的管理者很多，但真正能領略精髓卻並非易事。

獎勵要捨得

如果團隊管理者無法解決員工的物質需求，就不可能打造出團隊。遺憾的是，不少管理者缺乏概念，認為員工是應該「奉獻」的，不考慮員工利益。甚至自己收入頗豐，卻不願意分給員工應有的獎勵。事實證明，這樣的團隊往往極為短命，更不用說提升執行力。

身為團隊管理者，基本任務是為企業謀求利潤。但他們更應獎勵員工。獎勵員工，不但是商業道德要求，也是團隊執行力提升的基本技巧。如果管理者不能與員工共享成

果，就沒有人願意和你同舟共濟，即便那些依靠一時的榨取而做大事業的團隊，只要遭遇些許危機，就可能引發連鎖效應，激發員工內心不滿，遭遇「樹倒猢猻散」的結局。

獎勵員工，主要的措施步驟包括如下幾點：

(1) 高薪資獎勵

管理者「捨不得」投入高薪資。時間一久，進入團隊的員工，可能是能力不足，可能抱有「騎驢找馬」的心態，這種團隊氣氛，帶來的損失，遠超過加薪的成本，同時優秀的團隊員工也會越來越少，執行力越來越低下。

給員工高薪資，員工才能對工作產生自豪感，激發強烈的工作熱情，創造讓客戶滿意的價值。

(2) 其他物質獎勵

與員工共享物質利益，還包括其他形式。

① 分紅：可以為員工申請分紅，分享團隊的利潤。

② 福利：工作餐、服裝、禮物、休息時間等。

③ 保障權益。應有的保險、發放的福利等。

無論給予員工任何獎勵，都應該言而有信，不能吝惜投入。不少團隊管理者總認為是成本的「浪費」而不是投入。結果，導致員工產生失望情緒，影響執行成效。

(3) 獎勵應有技巧

　　管理者獎勵員工時，不僅應「捨得」，還應有所技巧。
正確運用獎勵方法，選擇恰當的獎勵方式，比單純的獎勵
更能激發員工。以下是正確的獎勵技巧：

① 獎勵原因應具體：進行獎勵時，應將獎勵和工作結合
　　起來，使員工知道為何得到獎勵、如何得到獎勵。

② 獎勵應及時：員工何時做出成果，就應該何時給予獎
　　勵，不要一拖再拖。

③ 表揚的範圍應廣泛：如果是整個團隊值得獎勵，應以
　　集體方式進行獎勵，此時應注意獎勵對象。例如：可
　　以在設定大獎的同時，設定小獎，避免那些認為自己
　　應該獲獎的員工感到失望。

④ 不定期獎勵：雖然月度、年度的獎勵很重要，但如果過
　　於規律化，就會讓員工失去興趣。相比之下，可以增加
　　不定期的獎勵，這種獎勵由於缺乏可預測性，對員工形
　　成有效刺激，他們為了獲得這種驚喜，就必然更投入。

⑤ 時間的獎勵：單純的物質和榮譽刺激，終歸會越來越
　　小，管理者還應當給予時間的獎勵，即向員工投入關
　　心、培訓、引導的時間。這些時間投入將成為更重要
　　的獎勵，讓整個團隊顯得具有「人情味」。

⑥ 注意獎勵的多樣性：除了物質、榮譽獎勵之外，也應給予員工精神獎勵，例如：提拔、給予培訓機會等。

⑦ 獎勵應公開：有些團隊的管理者習慣祕密獎勵，例如：私下發紅包，這反而會增加員工之間的猜忌，影響團隊氣氛。同時，即便員工獲得類似獎勵，也無法進行比較，更不便大張旗鼓，也就不容易形成公開競爭的良好氛圍。

處罰要夠狠

　　管理者在應該運用「大棒」的時候，就應亮出「大棒」。身為管理者，擁有處罰的權力，就應該在一開始找到錯誤最嚴重的人員，將之成為反面教材，進行嚴厲處罰。這種「殺一儆百」的做法，必須雷厲風行，讓團隊其他人員感受到制度的嚴肅性，產生強而有力的威懾。

05

挑選檢查人

　　團隊的執行過程，並不是機器生產線，而是擁有意志、感情與缺陷的人類在工作。只有選出正確的檢查監督

人選，才能讓原本缺乏工作熱情和積極性的執行者，一躍成為勤奮努力的員工，從而提升執行效率。

在世界聞名的豐田工作法中，檢查監督人員扮演了重要的角色。由於豐田工作法實行標準化，所有未能達到標準化的工作，都要進行檢查。因此，檢查監督人員必須首先整頓好自己負責的生產線，即制定標準，決定材料和零件的存放場所和數量，設立呼叫按鈕、停止按鈕和指示燈等。

在完成這些工作後，檢查監督人員需要嚴格執行相關標準規定，實際觀察和判斷執行規定的結果。他們應該對現場出現的問題進行分析，並及時採取相應措施。此時，檢查監督人員面臨最重要的問題，就是識別哪種現象正常、哪種現象反常，一旦出現反常現象而未能發現，即可以認定為檢查監督人員的失職。

除了專職檢查監督人員外，豐田還鼓勵員工互相檢查。他們對員工實行交叉培訓，要求員工在執行工作之前，先檢查前一道程序。

透過上述方法，豐田的檢查監督體系發揮了很好的作用，其成品瑕疵不到 1%，大大提高了生產效率。

在團隊中，檢查監督人員的挑選、培養和使用至關重要，將決定團隊的工作品質。其理想的原則和方法如下：

▍1. 對檢查監督人員的要求

　　檢查監督人員，應嚴格正直。他們必須經常在現場指導和監督，包括集中注意力於執行者的工作品質，盡量不離開負責的現場。同時，團隊也應根據實際情況，增加人手，保證監督檢查人員不分心。

　　檢查監督人員必須親自指導和監督執行人員，而不是將責任「甩」給基層員工。

▍2. 檢查和監督的方法

　　檢查監督人員不應該將執行者看成一個「零件」，而應該將他們看成具體的、擁有獨立性的人員。只有這樣，才能針對每個人的不同特點檢查監督。

　　不同執行員工的想法、能力、態度、習慣都各不相同，其作業方法和狀態也存在差別，他們往往難以理解抽象的指導，因此，檢查監督人員必須針對具體問題，採取具體指示。

▍3. 加強檢查監督隊伍的建設

　　在大型團隊中，檢查監督隊伍的建設尤為重要。檢查監督隊伍建設，首先應著眼於熱情和信念，因為信念總是比技術、經驗、履歷更能鼓舞檢查者。此外，檢查監督者

還應該有一定的許可權，如指定加班、績效評估、分配工作、調配人員等權力。

在檢查監督隊伍建設中，還應該建立良好的組織架構，以便於隊伍工作。例如：建立可以迅速報告、採取措施的扁平化隊伍組織，只需要一名管理者即可檢查。在挑選檢查監督隊伍人選時，盡量不要根據技術水平，而是根據責任心、影響力、執行力、指導能力等來挑選。

▌4. 檢查方法

對執行結果的檢查，有助於達成執行目標。此時，不僅要選對檢查人選，還應提前選擇正確的檢查內容和方法，以實現良好的檢查效果。

（1）檢查內容：團隊管理者應定期年度、月度、每週和每日檢查計畫。

其中主要內容如下：

① 已經安排的任務、目標完成多少？

② 獲得了哪些結果？

③ 哪些任務尚未完成，原因何在？

④ 資源浪費情況？

⑤ 如何規劃接下來的執行過程？

（2）檢查工具：檢查與執行一樣，需要提前進行規劃以便實施，從而在檢查過程中採取修正措施。如果是為了處理錯綜複雜的工作，管理者應當準備一張檢查表，將有關檢查結果記錄到表中。

檢查結果表，如表 5-2 所示。

利用表 5-2 所示的檢查結果表，檢查者可隨時根據檢查的實際結果進行記錄與分析。

表 5-2　檢查結果表

序號	任務目標	日期時間	目標值	實際值	偏差原因	處理結果

管理者還應利用檢查機制，引導員工自我管理，在結束工作時，不僅檢查工作的完成情況，還應對個人當天工作情況進行反思和回顧。

在普通團隊中，自我檢查的主要內容如下。

① 今天我是否帶來價值？

② 哪些瑣事占用了我原本的工作時間和精力？

③ 是什麼人、什麼事情阻礙了我？

④ 我在哪些地方犯了錯？

⑤ 我是否應該對有些事情說「不」？

⑥ 我今天有哪些收穫？

⑦ 今天是否做了目標的關鍵工作？

⑧ 哪些地方我可以做得更好一點？

當然，上述內容繁多的檢查內容和方法，通常並不一定實用，或者用過一次後就束之高閣。為此，團隊管理者可以向員工推薦「五指檢查法」，即快速檢查法。

① 大拇指對應結果，即檢查今天獲得了哪些知識和經驗。

② 食指對應目標達成，即今天做了哪些事情，取得了哪些成績。

③ 中指對應精神狀態，即今天工作的情緒和心情如何。

④ 無名指對應建議和幫助，即今天給團隊、同事或客戶，提供了怎樣的幫助和服務。

⑤ 小手指對應身體狀態，我今天的健康狀態如何，是否適應工作壓力。

快速檢查法，可以由員工本人隨時隨地檢查，便於即時進行狀態和結果的評估。

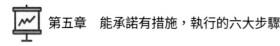

06
承諾

　　團隊執行的成敗，取決於團隊員工對彼此以及整個團隊的承諾。當管理者能利用承諾，激發員工的潛能，他們就再也不會為自己尋找任何理由和藉口，團隊員工都只有一種想法，那就是要完成執行的目標。

　　任何團隊剛開始都沒有明確目標，其員工也不清楚自己能發揮多大潛力。正是管理者幫助他們設立目標，並讓他們作出承諾，他們才會沒有理由將責任推卸給別人，從而徹底斬斷猶豫、懷疑和恐懼等心理，讓他們只能一路向前。因此，作出承諾，是杜絕藉口的重要武器。

　　團隊員工每個人都有自私的一面，都會考慮到自身利益和感受。如果管理者將執行目標解讀為外界給他們的壓力，他們就會與之產生距離，逃避努力實現目標的痛苦。反之，當員工進行了承諾，實際上就與管理者達成了共識，他們也就對自己提出了要求。在提出要求後，他們才會全力以赴地為實現承諾而努力付出。此時，他們的執行努力是為了兌現自己說出的話語，而不是為了企業、客戶和別人，當他們自己想要做到的時候，才會全力以赴。

承諾，是成功的開始，也是「置之死地而後生」的手段。當員工做出了承諾後，等於切斷了個人的後路，他們將只有一個選擇，即完成目標，否則就必須面對懲罰。

因此，團隊如果執行力不高，大部分原因在於決心不夠強大。而決心不夠強大，在於團隊員工未能擴大懲罰的痛苦，未能做出積極的承諾。相反，管理者和員工若是大膽展示自己的目標，不僅會堅定自我決心，也會傳遞出積極自信，一個有決心有自信的人，才能使人願意跟隨和聽從。

在帶領團隊員工承諾時，管理者需注意以下幾點：

▌1. 公開的承諾

從心理學角度分析，私下做出的承諾，其重視程度顯然不如公開的承諾。這是因為公開的承諾將吸引更多人的注意，其最終執行結果如何，將會影響承諾者在所有見證者心中的價值。一旦個人或團隊做出了公開的承諾，他們必然會全力以赴。

因此，承諾必須加以公開。透過錄音錄影、書面文字、備忘錄、會議等形式，使得員工重視承諾的影響和價值。

下面是一份書面承諾的模板。

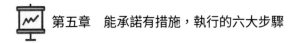

我，xxx，承諾，在 2021 年　　月　　日完成　　　。

目標 1：　　；

目標 2：　　；

目標 3：　　。

完成了獎勵自己　　；

無法完成懲罰自己　　。

承諾人：

　　無論具體採取何種形式的承諾，都應寫清楚時間、任務內容、完成的獎勵、未完成的處罰內容等，使大家了解承諾的目標，隨時進行監督檢查。

2. 力量和吶喊

　　在準備和表達承諾過程中，團隊管理者必須注意盡量使參與其中的員工充滿力量，以吶喊的姿態，對承諾內容加以表達。這種形式既能讓員工感受到自己的堅決態度，更能讓他們的訊息具有充分影響和傳播力。這樣的力量越是充沛，見證者越多，對員工形成的壓力也將越大，動力也會越強。

3. 信守承諾

　　公開的承諾，意義並不在於公開，而在信守承諾。人們天生具備惰性，如果做出承諾而缺少監督，他們就會不

再信守承諾。監督的重要性不可或缺,其價值展現在對承諾的履行上。

　　管理者應要求員工,在做出承諾之後,必須不斷努力,隨時準備接受團隊內外的檢視,以確保自己會信守承諾。

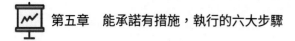 第五章 能承諾有措施，執行的六大步驟

第六章
破障礙顯大我，打造團隊的方法

　　現代企業加強發揮團隊精神，建立共識，是適應市場需求、提升工作效率的必經之路。從團隊員工角度來看，個人的生存與發展、個人價值的充分實現，也越來越需要團隊的支持。在此過程中，管理者應如何破除員工看待和處理「小我」與「大我」之間的矛盾？如何帶領團隊跨越一個又一個障礙？如何形成堅不可摧的團隊精神？如何打造高績效？這一系列問題，考驗著每個團隊的管理者。

01
大我與小我如何合理調節

無論是個人還是團隊，通向優秀的途徑可能是努力，成長為卓越的途徑則必然是合作。從社會角度看，每個幸福家庭的內部，都存在著平衡穩定的合作關係。美國鋼鐵大王安德魯・卡內基（Andrew Carnegie）曾說：「如果說我的成就有捷徑，那麼捷徑就是與人合作。」

團隊正是幫助員工相互合作、融小我與大我為一體的平臺。

小我和大我

所謂小我，來源於人人都有的利己想法。透過「小我」，團隊員工表達出不同的角色和立場，展現不同的訴求和自我保護，關注並維護個人的感受、情緒，尋找自我的存在感和安全感。

從員工進入團隊的那一刻，他的「小我」也成為團隊的一員。正因為存在著「小我」，員工才希望獲得更滿意的報酬，更輕鬆的工作壓力，渴望不受影響和控制，獲得自由、開心、快樂。「小我」充滿情緒化和利益追求，但卻是

合理的存在。如果員工在團隊中完全喪失「小我」，他們對團隊也就毫無感情可言。因此，團隊管理者應該承認「小我」的合理性，去觀察、利用員工心中的「小我」。這是一切管理行為的出發點，任何否定和抹殺「小我」的管理內容，都是不完整的。

然而，團隊文化又不能只看到「小我」，更要關注「大我」。過多強調「小我」，團隊氣氛會變得鬆散，團隊員工則會表現出自私、驕傲、嫉妒、貪婪、對立等缺點。只有「小我」的員工，不能理解、包容他人，當團隊與「小我」發生衝突時，則優先考慮個人得失，關注自己想要的結果，而忽略「大我」的需求。

當團隊員工擁有「大我」特質，他們會表現出更多的包容、接納、積極、主動、團結和無私態度。這些態度能推動團隊的進步、業績的提升，甚至可以認為，團隊的每一步提升，都在於「大我」戰勝了「小我」，團隊的每一步後退，都在於「小我」戰勝了「大我」。

小我和大我的調節

團隊中，「小我」與「大我」的調節，是上至管理者、下至普通員工都必須面臨的問題。一味強調為「大我」犧牲

「小我」，或只看到自身利益而看不到團隊利益，都並非良好的解決辦法。

優秀的管理者，要懂得在兩者之間謀求平衡，要帶動員工進行心態反省和調整。這是因為「小我」與「大我」之間，並非互相抑制、此消彼長的對立關係，真正成熟的團隊，不僅能在兩者之間獲取平衡，更讓兩者共同進步。

某企業，員工平均年齡只有 29 歲。團隊管理者希望他們能跟上市場的變化，於是採取了「投資人」的團隊發展策略，確保在團隊取得成功的同時，個人也能得到成長的機會。

在這家企業，經理就是教練，他懂得如何培訓員工，不是「命令」他們做事情，而是「教會」他們做事情。這樣，既能保證每個員工都可以在工作中有所學習和收穫，也能保證他們迅速成長，成為高手，發展團隊的力量，使得企業快速擴張。

團隊管理者在指導員工工作時，應力求設計合理的團隊結構，使每個人的能力獲得充分發揮。這是對「小我」的真正尊重。

另外，沒有完美的個人，只有完美的團隊。唯有建立健全的「大我」，團隊才能立於不敗之地。

管理者應幫助員工了解，身為團隊的一分子，優秀的

員工總是會找到「小我」在團隊中的位置，能服從團隊運作的需求，他們會將團隊的成功看作發揮「小我」才能的目標。這樣，員工才不會想成為自以為是的「個人英雄」，而是努力合作、克制自我，與整個團隊共創輝煌。

在團隊中，同事應將彼此之間看作親人、朋友和知己，相互真誠合作，將團隊的事情看成自己的事情，將他人的事情看作自己的事情，將集體的工作看作自己的責任，這才是成熟員工應有的表現。

更重要的是，管理者應強調，當「小我」的利益與「大我」的利益有所衝突時，必須強調以團隊長遠利益為重。因為只顧「小我」的人，是自私而缺乏遠見的，他們無法理解與他人合作的快樂，更不知道與人合作能創造出獨自無法創造的價值。

「小我」固然有其意義，但「大我」主導下進行的內部合作，才能更好地解決問題，使得團隊力量更大、人心更齊。

片面「小我」與「大我」主導的六種現象對比，如表6-1所示。

管理者應結合上述六種現象的對比，引導團隊員工意識到「小我」與「大我」的優劣，期待員工能調整心態，確保團隊正常運作。

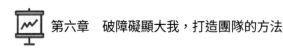

表 6-1　片面「小我」與「大我」主導的六種現象對比。

片面「小我」	「大我」主導
獨贏，難以長久	多贏，共同發展
計較，勢必孤立	大度，最終獲益
對抗，四面樹敵	合作，相互支持
自我意識，不顧他人	整體意識、境界提升
自我表現，所獲不多	大局為重，獲益良多
引發小我，體驗狹窄	引發大我，體驗完美

02

阻礙團隊走向卓越的九種障礙

　　在團隊從建立走向卓越的過程中，管理者和員工必須了解那些會阻礙團隊進步的障礙。如此，每一位團隊員工才能強化有利因素，改進阻礙團隊成長的問題。這些障礙主要包括如下九種：

▌1. 團隊中缺少信任

　　員工之間互相不信任，無法形成合作的力量。

　　在團隊中，究竟什麼能讓員工感到真正的幸福？是優厚的待遇、人性的管理，還是溫暖的文化、科學的組織架

構？其實，這些都必須建構在信任之上。在團隊中，員工都是普通人。普通人想要組成真正的團隊，就必須能從團隊獲得信任感。

想要讓整個團隊互相信任，管理者必須先信任員工。而身為員工，也應該珍視管理者的信任。打破信任的鴻溝，團隊的障礙才會消除。

2. 缺少為團隊負責的人

當團隊中每一位員工都為團隊負起責任時，團隊就很容易獲得成功。相反，如果所有人都覺得團隊的成敗與自己無關，這個團隊很難成為卓越的團隊。

沒有責任心的人，不可能是合格的員工。因為團隊執行過程中出現的小錯誤，如果未被髮現，就有可能在未來對企業造成重大損失，包括客戶損失、企業品牌損失，這些損失絕非生產成本浪費所能衡量的。

因此，管理者必須讓員工理解，團隊員工的一舉一動都會影響整個團隊。只有對團隊負責，才是對個人負責。

3. 缺少解決問題的人

有些團隊中，總有員工不斷地提出問題，但始終沒有人提出解決方案，導致其他員工更沒信心，影響團隊的凝聚力。

在高效率團隊和落後團隊之間，最大的差異在於解決問題的能力。管理者應該用下面方法，幫助員工成為解決問題的高手。

（1）承認問題：如果問題確實存在，從管理者到員工就都要承認。如果逃避問題、視若無睹，團隊就會受到懲罰。

（2）分析問題：尋找問題的根本原因。當團隊清楚錯誤所在，就更容易改進了。

（3）發現不同點：管理者應及時帶領團隊，總結問題，發現其與過去問題的不同點，或者和其他問題的區別。

（4）鼓勵員工：管理者應鼓勵員工，既要從過去的經驗中汲取解決問題的方法，也要從解決現有問題過程中，嘗試創新。

（5）準備對策：管理者應幫助員工積極做好準備，並順利解決問題。

▌4. 缺少貢獻者

在那些平庸的團隊中，缺少真正貢獻的人，員工將關注焦點放在自身上。他們認為，「只要我不錯就好，錯了也是別人的事情」、「公司沒發展好不是我的責任，反正我沒錯」。這樣的員工不敢突破自己，也不敢站出來為公司承擔

責任。這樣的團隊也注定平庸。

　　管理者應培養員工的貢獻意識，要求他們獨立設計和執行方案，如果團隊缺少這樣的風氣，管理者應調整組織架構。如果缺乏解決問題的技能，就要展開培訓，提升員工的工作能力。

▌5. 不想被領導

　　在平庸的團隊中，每個人都想當指揮，想做主角，卻沒有人願意腳踏實地。如果人人都想做主角，團隊內就沒有配角，也就無法合力。更何況，只有在解決問題過程中做好配角的人，才有資格成為主角。只有學會管理的人，才有機會成為一位卓越的管理者。

　　因此，團隊員工必須在解決問題過程中，學會去支持自己身邊的人。支持身邊的人，就是支持自己。

▌6. 缺少必勝的信念

　　團隊無法走向卓越，還在於員工遇到挫折就產生放棄的念頭，導致團隊的內耗，使團隊的能量下降。

　　管理者如果任由放棄念頭發展，就會導致團隊越來越落後。只有屢敗屢戰的團隊，才能成為卓越的團隊；只有永不言敗的團隊，才有機會反敗為勝。管理者應告訴員

工，不到最後一刻，每個人都有機會成為冠軍。只有堅持必勝的信念，才能激發勇往直前的勇氣。

7. 心沒有真正在一起

當團隊員工的心無法拉近、注意力不集中時，他們很難放下自我，更不容易產生默契。因此，管理者應以統一的方向、標準去要求員工。

心在一起的團隊，除了要有信任，還應具備如下特徵：

（1）相互溝通：溝通是凝聚團隊的關鍵因素。管理者應在團隊中倡導實事求是、及時溝通的氛圍，要求員工能隨時和同事、上下級、客戶溝通，以取得理解，避免不必要的誤解和矛盾。

（2）確立意義：在團隊員工的心中，意義有時候比利益還要重要。團隊想要不斷成長，就需要管理者為每一次合作賦予意義，要讓團隊員工看到，透過每個環節上的合作，能獲得自己原本無法爆發的潛力，能更接近成功的目標。

8. 動力不夠

團隊不能走向卓越，還在於員工未能發自內心地理解，團隊贏，自己才能贏。在很多團隊內，大部分員工都

被動等待管理者和優秀員工的帶動，而不是自己主動站出來，如此等待和被動的心態，導致團隊越來越落後。

團隊前進的核心力量，來自員工彼此的帶動。管理者應倡導「互補」的工作氛圍，提倡互相幫助、輪流肩負重任，當員工明白這一點，就會形成「你累了我來帶動你，我累了你來帶動我」的良好情緒回饋，而這才是卓越團隊的特徵。

9. 沒有達成共識

許多團隊內的員工能力強，但缺乏共識，導致團隊始終無法成長。這些團隊內部意見不一致，存在多種聲音，難以達成共識，導致內部缺乏凝聚力，形成各種分歧，方向無法明確，也耽誤了時間。

管理者應該強調，越能快速達成共識的團隊，越能夠快速創造勝利的結果，越能快速創造輝煌的業績。在團隊工作中，如何理解市場、看待產業、服務客戶、獲取利潤、評估機會、解決問題等，都需有共識。如何建立共識，決定團隊能否走得更遠。因此，團隊管理者應積極凝聚員工的看法和想法，促成共識。

03
「大我」的智慧如何影響團隊

「大我」的智慧，雖然與人們日常生活中的自我意識有較大差別，並非理想化的狀態，也並非遙不可及。在團隊中建立「大我」的智慧，能給所有人以正能量，可幫助團隊快速成長。

▌1.「大我」是對「小我」的超越

所謂「大我」，是對「小我」的超越，是團隊員工為他人、為集體、為社會謀求利益的精神。

提出需求層次理論的著名心理學家馬斯洛（Abraham Harold Maslow），在研究中發現，當人們只是一味追求自我實現，就很容易陷入狹隘的個人中心。他進而提出 Z 理論，增加了「自我超越」的人性需求。這種需求就是超越「小我」、達成「大我」的力量根源。

現實中，當一個人超越了「小我」的感受，而以團隊發展為己任時，就能獲得「大我」所賦予的強大內心力量。在團隊中，當員工內心只有「小我」，他們就只會將團隊氣氛變得更加「小我」。反之，當員工擁有了「大我」的智慧，他們就會將這種智慧運用在團隊合作中，以「大我」引發更

多的「大我」。

▌2.「大我」是對「小我」的包容

　　「大我」和「小我」並非對立，在「小我」主導下，每個人都要區分你我、利弊、好壞等情況。正因如此，團隊員工才會有所保留，不願全力參與工作，因為無論工作結果怎樣，他們都會看到對自己的不利之處。

　　與此相反，「大我」的智慧是藝術。任何真正有目標、有遠見的團隊，在發展、執行和持續更新過程中，都會面臨許多矛盾，只有憑藉「大我」的智慧，站在更高層面處理，才能有效地包容身邊的「小我」。

　　對團隊而言，從管理者個人開始，應深刻意識到如果自己沒有「大我」的智慧，身邊所有人都會被培養成「小我」。因此，即便有人工作態度不夠端正、能力不夠強大，也應站在「大我」角度原諒他們，引發他們的感動和領悟。在「大我」智慧的不斷耳濡目染下，他們的眼界和格局才會不斷得到拓展，而團隊也會因此變得更強。

▌3.「大我」智慧的公平性

　　「大我」智慧是無窮的，「大我」一旦被喚醒，團隊內的力量就增強了很多。當團隊內出現難以接納的人物或事情時，是「大我」的智慧在接納。唯有「大我」，才能幫助團

隊員工正確看待眼前的問題，面對困難的關係和矛盾。

「大我」智慧是較高層次的，「小我」智慧是較低層次的。較高層次的可以接納較低層次的，較低層次的很難接納較高層次的。

「大我」的智慧，會讓接納的管道變得暢通。「小我」則會堵塞接納的管道。「大我」出場時，總會讓員工頭腦靈活，充滿智慧。「小我」出場時，則會讓員工感受消極負面的情緒。因此，團隊要提倡「大我」智慧，喚醒每個人的內在「大我」。

「大我」智慧的公平性，在於你能學會用自己的「大我」滋養身邊人的「大我」，這才是智者的選擇。

04
打造團隊文化的七種方法

卓越高效的團隊，來自優秀的團隊文化。打造團隊文化，是每個團隊不可忽視的重要工作。想要實現這一目標，僅依靠管理者和少數人的努力遠遠不夠，必須依靠高效方法才能實現。

打造團隊文化的七種方法，如圖 6-1 所示。

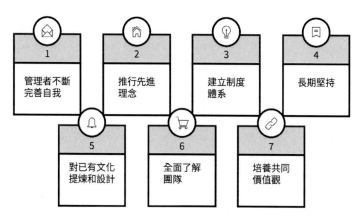

圖6-1 打造團隊文化的七種方法

▌1.管理者不斷完善自我

團隊管理者對團隊文化的建立非常重要。正如《孫子兵法》所倡導的「將者,智信仁勇嚴也。」管理者需要從以下五個維度完善自我。

(1)智慧:團隊管理者需要培養自己審時度勢的大智慧,從而做出正確決策,帶領團隊走向成功。他們必須具備這種大智慧,才能得到團隊員工的信任,受到團隊全體員工的愛戴。

(2)信用:團隊管理者必須嚴守信用,才能在團隊中確立威信。當然必須建立在充分信任基礎上,團隊有了這樣的信任,才便於規章制度的落實、正常工作秩序的建立,有利於團隊文化的建設。

（3）仁愛：團隊管理者應該像愛護自己那樣愛護團隊員工，關心他們的工作和生活，與他們進行溝通，才能凝聚人心，激發他們的工作積極性。

（4）勇氣：工作中，團隊總會遇到困難，無論困難有多嚴重，管理者如不展現出勇氣與冒險精神，很難激發員工戰勝困難的勇氣。當管理者具備這樣的精神，團隊員工才會受到激勵，看到希望。

（5）嚴格：團隊管理者必須嚴格要求團隊員工、嚴格執行紀律，避免整個團隊變成一盤散沙。

團隊管理者不可能生來具有這些，他們同樣需要在團隊實踐中不斷提高相關能力。

2. 推行先進理念

團隊不可能離開理念的指導，理念能讓團隊清楚地看到未來的發展前景和方向。

3. 建立制度體系

團隊必須擁有完善的制度體系，才能使團隊員工親身理解體會到理念的價值，才能規範團隊員工的行為。

完善的制度體系，通常包括兩個方面。首先是有形制度，每個團隊都有這樣的規章制度，包括行為規範、獎懲

制度兩部分。其次是無形制度,有形制度不可能將團隊員工的所有行為都列入文字規章中,而無形制度則是一種氛圍。處於這樣的氛圍中,與多數人行為不同者,將會被看作另類。正因團隊有了正確的無形制度,才能更有力地約束和影響員工。

4. 長期堅持

團隊文化的形成,有著不可踰越的過程,即長期堅持而形成的風氣。從理論上看,團隊文化的形成具有相當長的時間,從實踐上看,其貫穿團隊運作的始終。

只有長久堅持,才能習慣成自然,進而養成團隊自己的特色文化。

5. 對已有文化提煉和設計

在打造團隊文化前,應對團隊的現有文化進行分析和診斷,並在其基礎上提煉和設計。透過分析診斷,能夠確保現有團隊文化的精髓,去除負面消極的因素後,形成優秀的團隊文化。

6. 全面了解團隊

主要應了解團隊性質、團隊外部環境、團隊形象等,目的在於確保即將制定與打造的團隊文化符合實際情況,

並具備較強的可操作性，能有效發揮團隊文化的積極
作用。

7. 培養共同價值觀

　　共同價值觀是團隊文化核心。團隊管理者應透過教
育、倡導和宣傳等方式，對不同員工進行價值觀念培養，
使其形成共同價值觀。

第七章
有嘉許能蛻變，
打造團隊能量的方法

20 世紀，偉大的物理學家愛因斯坦提出了著名的質量守恆公式，揭示了宇宙哲理。團隊由人構成，人由物質構成，因此，團隊本身也是能量，其中每個人，都是一個能量場。

當團隊內部的能量強，整個團隊的競爭力都會更強。團隊就是能量。嘉許團隊，團隊的能量就會迅速提升。

01
愛的價值與如何發現愛

　　在任何團隊中，人都是最重要的因素。身為團隊管理者，必須知道愛的價值，讓團隊員工感受愛、發現愛，引發他們情感上的共鳴，凝聚團隊的能量。

　　愛是每個人最大的動力。團隊員工努力工作的背後，來自對家人的愛，他希望透過自己的努力，讓家人過上更好的生活。同樣，一個管理者能打造出優秀的團隊，也包含了他對追隨者的愛，他希望透過自己的努力，讓追隨者獲得榮譽。

　　因此，管理者必須正視愛的力量。世界上最令人溫暖的力量來自愛，而促使團隊有所成就的動力也來自愛。當團隊員工在未來回首往事，職場奮鬥的經歷會像電影一樣出現在眼前，其中最讓他們感動的就是「愛」。愛是奮鬥動力的來源，是卓越團隊成功的祕密。

　　管理者必須要求團隊員工要為團隊的能量做出貢獻，將愛灌注到自己的能量場，再用這樣的正能量去改變團隊的氣氛，讓團隊更有信心、有決心去面對目標。團隊員工的每句話、每個行動，都應該讓周圍人具備更強的工作狀

態。這是員工的義務，也是他們對「大我」的關愛。

團隊員工如何發現愛？管理者可以引導他們。

能力，是一種平面的工作能力，這種工作能力，往往由一個人的專業決定。工作能力的影響範疇，經常局限在專業所涉的範圍內，表現為外在的工作狀態。

能量，是一種立體的影響能力，表現為個人長遠而穩定的內涵。

管理者應以此為依據，激勵員工在每個人的專業基礎上，透過人格修煉，擁有更充沛的能量，再將之傳遞出去。獲得「愛」這一澎湃能量的人，與整個團隊脫離了純粹的合作、管轄關係。他對所從事的領域、所服務的人群、所規劃的願景、所生產的產品、所提供的服務、所達成的目標等，不是由於命令，而是由「愛」來塑造和傳遞。在愛的感召下，他得以去感召身邊每個人。

團隊內的愛，就是一種超越時空的能量，能將個人的能力和能量，融合為團隊的能量、企業的能量，形成更為巨大的「場」。管理者如果幫助團隊獲得這種能量，就能使團隊自我孵化，形成卓越的人和事，遠遠超過了管理者個人的影響力。

02
愛的五種境界

如果將人分為兩種，一種是有愛者，另一種是缺愛者。成功的團隊之所以成功，並不是因為團隊員工天賦異稟，而是因為他們內心有愛，這種愛的力量，讓他們認定自己必須有責任，為他人和集體帶來變化。相反，失敗者之所以失敗，是因為他們缺乏愛的力量，稍微遇到困難和矛盾，就暗示自己「缺乏能力」。久而久之，差異也就展現。

愛的力量，是能夠引導團隊挑戰困境、積極奮鬥的正能量。在激烈的市場環境中，每個人都應該去積極享受工作和生活，勇敢面對挑戰，因為每個人內心都有著積極向上的愛。但很多時候，人們卻對之視而不見、充耳不聞，這恰恰證明，團隊想要成功，必須提升愛的境界。

愛的境界，很難用語言表達清楚。在團隊工作中，它是潛在的，也許早已在不知不覺間，幫助過整個團隊很多次。例如：當團隊新人成長過程中，當他們勇敢跨出第一步時，是愛的正能量發揮了作用，是整個團隊的愛，告訴新人不要擔心，要相信自己勇於走下去。因為愛，讓新人發現和相信自己的能力，才能更好地去追求目標。反之，如果團隊管理者或員工感受不到愛，難以產生相互信任，

就不會去行動，團隊提升的機會就會溜走。

因此，喚醒內心的愛，獲得境界的提升，團隊才會步入嶄新的世界，而團隊員工將能進入新的人生維度。

愛的境界，總共有五個層次，如圖 7-1 所示。

圖 7-1　愛的境界層次

愛的五種不同境界層次，它們普遍存在於生活和工作中的每個人身上，並展現出不同的結果。

1. 要求的愛

要求的愛，又被稱為嬰兒的愛。正如兒童，他（她）們並不知道什麼叫真正的愛。而只是要求，「媽媽，你給我這個」、「爸爸，你幫我買那個」。如果父母沒有滿足他（她）們的要求，兒童就認為父母不夠愛他。

要求的愛，不是真正的愛。但很多人即使成年，對愛的理解依然停留在這個層次。他們進入團隊，是想要從團隊要求機會、索取利益。這樣的愛層次最低，最不具備正能量。

2. 交換的愛

交換的愛，認為「你愛我，我才會愛你」、「你對我好，我才會對你好」。在團隊中，也存在很多這樣的員工，他們將工作看成赤裸裸的利益交換，將團隊中每個人都看成交易對象，無論他們向團隊付出了什麼，都希望立即獲得自己認同的回報。

交換的愛看似成熟，但其能量卻同樣薄弱。因為無論何種形式的交換，在不斷重複過程中，總有可能讓其中一方出現「不公平感」。當這種「不公平感」日積月累，愛的力量就會消失殆盡。這也解釋了為什麼許多團隊起初能團結一心，而隨著事業的推進，卻逐漸人心渙散，甚至分崩離析。

3. 付出的愛

付出的愛，即無條件給予的愛。父母對子女的愛，往往是付出的愛，即無論子女如何，父母都會給出應有的愛。正因如此，父愛和母愛才會在千百年來被傳頌。相比「交換的愛」，付出的愛更強調「我先給別人」，而不是「別人給我」，這展現出愛的主動無私。

付出，才能傑出。團隊中如果有了這樣的愛，管理者會為了員工而付出，員工會為了同事而付出，所有人也同樣會為了管理者付出……在付出的過程中，沒有利弊衡量。

▎4. 仁愛

「仁愛」思想，為現代團隊管理提供了豐富的思想。團隊管理者應深知，團隊最重要的資產是「人」。只有施行「仁愛」，讓身邊的人感受到團隊溫暖，他們才會更愛團隊與同事。因此，在團隊管理過程中，應注重人性，以發掘人的潛能。

▎5. 博愛

人與人相處需要仁愛，而團隊之愛最高的境界是博愛。博愛意味著不僅愛人，更應熱愛生活，熱愛世間萬物。

博愛者眼中，無論是產品、資源，還是市場、制度，都為團隊的提升和進步做出了貢獻、分享了價值。同樣，團隊的每一次進步，都離不開所有員工、合作夥伴甚至競爭對手的關心和支持。因此，團隊員工熱愛身邊的每個人、每一件事物，即便是競爭中的困難、合作中的矛盾，也能幫助團隊發現問題所在，依然值得感謝。

當團隊具有博愛之心，他們將獲得最大的愛。此時，團

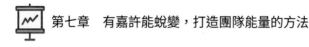

隊員工無須教導，就會真正發自內心地熱愛同事和企業，他們將帶著博愛的力量去為客戶提供服務，為團隊做出貢獻。

03
勇於給別人嘉許，你才能蛻變

　　每個人都渴望得到別人的推崇，這是人的本性。無論生活還是工作中，每個人都希望獲得別人的注意和尊重，並能透過讚揚表現出來。因此，無論是家庭、社交還是團隊管理中，讚美和嘉許都非常重要。

　　嘉許，是指強而有力、真誠的誇獎和讚許，通常為充滿讚賞的語言。因此，嘉許是最有效的語言，勇於給團隊員工嘉許，團隊管理者才能開始蛻變。

　　人的潛力是無窮大的。能讓普通團隊員工脫穎而出的力量，正是嘉許。受到嘉許和肯定的團隊員工，會覺得自己是最優秀的，同時他們也會產生信念，即他們所在的團隊、所面對的管理者也是最棒的。這會激發他們維護團隊和管理者的信心和意念。

　　嘉許的力量，能在最短時間內轉變團隊員工的負面狀態。管理者應看到，當團隊員工處於負能量，僅靠他自己

已經無法突破。此時，如果團隊給他嘉許和肯定，就能推動他繼續前進，如果他體會到的是負面能量，哪怕一絲一毫，也有可能改變其方向。同樣，管理者從團隊中感受到嘉許和肯定，也能得到蛻變的動力。

管理者應在團隊中提倡怎樣的嘉許呢？嘉許的方法，如圖 7-2 所示。

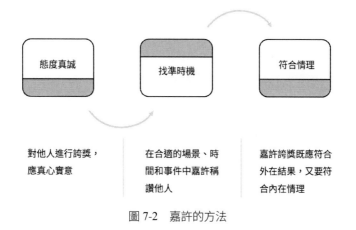

圖 7-2　嘉許的方法

嘉許的方法，主要包括如下幾種。

▋1. 態度真誠

在團隊中對他人進行誇獎，應真心實意，不必刻意誇大，更不應言不由衷。否則，嘉許在對方看來就是無效的客套話，反而會讓他人產生不舒服的虛偽感。

▋2. 找準時機

　　只有在合適的場景、時間和事件中嘉許稱讚他人，才是有效的，才能讓團隊員工受到正面影響。尤其當面對那些業績較好的員工，管理者對他們的稱讚既要看時間和場合，也要看對方的反應和態度。

▋3. 符合情理

　　符合情理，是指嘉許誇獎既應該符合外在結果，又要符合內在情理。要符合整個團隊的標準，而不能太過片面主觀。同時，還要符合被嘉許對象的內心需求，因為每個人的性格、心理需求、表達和接受習慣都不相同，他們想要聽到的嘉許也有所不同。

04
懂得感恩，團隊才更有凝聚力

　　一個人懂得感恩，無論在什麼工作中，都能實現人生的飛躍；一個團隊懂得感恩，無論在什麼發展階段，都能實現集體的凝聚。感恩並不是團隊管理者或員工的事，而是多方相互的態度，管理者應感恩員工的付出，員工也要

感恩管理者的引導。如果團隊中每個人都有感恩之心，並將其融入工作中，就能建立出和諧而富有戰鬥力的團隊。

現實中，團隊丟失了感恩精神，很容易引發困境。例如：有的員工覺得管理者總是在挑剔，覺得同事們會排擠自己，也有的員工覺得自己工作能力差，擔心被「清理」出團隊，還有的員工不知道自己為什麼工作等。

解決這些困境的根源，在於樹立感恩意識。團隊中，如果缺失了感恩意識，道德下降、工作缺乏主動，內部關係就會變得緊張。團隊員工和管理者並不是對立的關係，兩者之間正呈現出合作和互惠共生的新關係。

管理者應引導員工，企業和團隊為他們提供了就業機會和平臺，幫助他們提高能力，這值得員工的感恩。同樣，員工用努力工作去回報企業和團隊，執行管理者的策略規劃，也值得對其感恩。只要心懷感恩，無論在任何職位上，都能實現事業境界的提升，促進工作業績的飛躍。

松下幸之助是日本歷史上最成功的企業家之一，他以小學學歷、100 日元，創立松下集團。松下幸之助說：「當員工有 100 人時，我必須站在員工最前面，身先士卒，發號施令；當員工有 1,000 人時，我必須站在員工中間，懇求員工鼎力相助；當員工達到 1 萬人，我只要站在員工後

面，心存感激；當員工達到 5 萬人，我除了心存感激，還必須雙手合十，以虔誠之心來領導他們。企業最大的財產，就是人。」

由於管理者對員工心存感激，團隊員工才會覺得自己受到尊重，並意識到自身重要性，在團隊中找到歸屬感。

管理者不僅要求自己感恩員工，也應該要求員工學會站在團隊立場上思考，去考慮集體利益。當他們是一名普通員工時，應考慮同事的難處，給同事應有的理解和支持。當他們成為團隊管理者後，則需要考慮新人、下屬和整個團隊的利益，對他們給以鼓勵和指導。

保持感恩心態，主要應保持以下良好心態（見圖 7-3）。

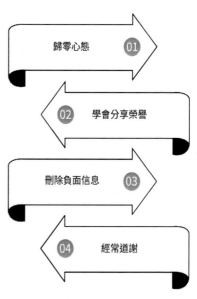

圖 7-3　保持感恩心態的四個要點

▌1. 歸零心態

在團隊中，不論扮演何種角色，都應該將自身心態回歸到零。將自己放空，抱著學習的態度去工作，將每一次挑戰新目標看作新的開始，而不是計較一時的得失。只有擁有健康的心態，才不會妄自尊大，而是心甘情願，全力以赴。

▌2. 學會分享榮譽

當員工因為成績，而享受到個人的榮譽與物質回報時，管理者應及時提醒他們謙卑，懂得感謝和分享。員工不應一個人獨攬所有榮譽，因為那樣做，不僅會讓個人在最短時間內失去他人的支持，更會導致團隊內產生鴻溝，拉大同事之間的距離。

管理者應提醒員工，過於自我，看不到別人的力量和貢獻，就等於否認了他人的默默付出。相反，將所得的一切分享出去，自然能獲得更多的感恩回饋。

▌3. 刪除負面訊息

在團隊內部的人際溝通中，情感和訊息是雙向的。愛的能量形成了美好的情感匯聚，這種人際關係所產生的情感，為團隊內每個人的生命注入巨大能量，讓他們感到工作

的美好，進而學會發現自己、珍視自己。在這樣的感激之情下，正能量將充斥整個團隊，迅速轉化為巨大的動力。

為此，團隊管理者應懷有感恩之心和每個人進行溝通，避免讓情感受到過多的負面訊息影響。透過感恩，及時刪除那些負面訊息，儲存積極、快樂的訊息，記住他人所給予的好處，忘記與別人之間產生的矛盾。

4. 經常道謝

一句「謝謝」，其實是團隊內最習以為常的感恩方式。道謝並不是團隊內的客套，而是能以最低成本拉近團隊員工人際關係的手段，使得員工愉悅，也能使受助者更積極地看待幫助者，產生知恩圖報的想法。

學會感恩的團隊最具凝聚力。管理者理應用感恩精神來營造團隊內部的氛圍，建立輕鬆和諧的工作關係。

05
有愛的明天才會更美好

愛，是驅動團隊前進的能量。在團隊中，員工想要實現或擁有的一切，都來自愛。

沒有愛，團隊員工就不會前進，也不會驅動自己做任何事，即便是起床、出門、工作這些普通的事情，他們也會索然無味。因為他們在做任何事時，都很可能是為了金錢、名譽這些具體的目標，而不是發自內心地渴望。一旦他們發現通向這些目標的道路充滿崎嶇，需要付出巨大努力，往往就會選擇退縮和迴避。

　　管理者應告訴員工，沒有愛，就沒有動力鼓舞他們前進，他們也無法真正將愛變成正向積極的力量。愛的正面力量，能讓員工珍視眼前的工作內容，努力去改變工作和生活中的負面問題。

　　團隊管理者在工作過程中，應身體力將愛傳遞給遇到的每個人。在生活中，傳遞愛給快遞、服務生和每個身邊的陌生人。在工作中，傳遞愛給客戶、合作的供應商。在管理中，傳遞愛給同事和員工，傳遞愛給所有有志於加入團隊的人……

　　管理者應盡可能對團隊付出愛，作為對他們工作、學習、努力的回報。《孫子兵法》中：「視卒如嬰兒，故可與之赴深溪。視卒如愛子，故可與之俱死。」意即帶兵的將帥要愛護士兵，將他們當作自己的親生兒子，這樣，士兵就會尊敬將帥，將將帥當作自己的父母。形成了如此親密的關係，作戰時，士兵就會與將帥同生死共患難。這樣的軍

隊，就具備堅強的戰鬥力，能夠創造奇蹟。

　　管理者應隨時提醒自己，團隊夥伴就是我的家人，我需要關注他們的成長，奉獻我對他們的愛。

　　同樣，身為團隊員工，應該去關愛自己的同伴，愛護自己的工作成果。發自內心地熱愛，對工作會有著超乎尋常的熱情，無論工作壓力多大、工作難度多高，他們都不會覺得工作有多苦多累，也不會產生諸多怨言。他們會將在團隊中的每一天當成樂趣、挑戰和成長的機會，並會沉浸其中而樂此不疲。這些人能夠將精力集中在工作上，將興趣和事業完美結合，其專業能力的提升速度，要比普通人快上數倍。即便他們原本沒有什麼工作經驗，管理者也應他們，使之迅速從新人變為有經驗的員工。

　　有愛的明天才會更美好，讓團隊充滿能量，必須從管理者和員工內心的愛開始培養。

第八章
懂學習才能贏，
如何打造愛學習的團隊

　　團隊的智慧，理應高於個人的智慧。在現代企業中，學習的基本單位是團隊而不是個人。打造愛學習的團隊，才能影響其中每個人，發現和解決整體互動中的根本問題，確保團隊能在不斷變動的環境中持續調整和發展。打造愛學習的團隊，才能在學習和合作過程中，孕育出重要的成果，增強整體的效率。

團隊中，唯有學習和成長不可辜負

團隊學習，是發展團體員工整體協調並實現共同目標能力的過程，也是集體成長的過程。因此，團隊學習的核心內容，即團隊員工之間為解決問題而進行的合作與交流。

有一個絕妙的比喻，形容團隊學習和成長之間的關係：「你有一個蘋果，我有一個蘋果，我們交換，一人還是一個蘋果。你有一個知識，我有一個知識，我們交換，一人就有兩個知識。」這段話展現了團隊學習帶來的優勢。

在團隊中，從管理者到員工的知識是有限的，而向外探求的知識是無限的。因此，團隊學習的過程，是一個雙贏的過程，團隊員工不僅能有效從別處獲得新知識，同時也能透過團隊內有組織的互動交流，展現自我的價值。正是共同學習的過程，讓團隊內員工更好地了解彼此特點。

團隊學習與成長，包含了五大要素，如圖 8-1 所示。

圖 8-1　團隊學習與成長的五大要素

團隊學習與成長的五大要素，意義與價值如下：

1. 全員參與

　　團隊學習，是全體員工進行知識共享、交換的過程，展現的是一種社會關係。團隊學習不僅受個人因素影響，也會受團隊整體內部環境的影響。包括每個人的教育背景、學習態度等，都顯著影響著團隊整體的學習能力。團隊必須集體參與到學習中，形成全員參與的良好環境，才能確保團隊學習與成長的積極效果。

2. 整體協調

　　透過團隊整體協調，能確保團隊組織架構模式、培訓、學習環境、氛圍等因素，對團隊學習提供積極的正面影響。

　　例如：在管理者的協調下，團隊的學習模式，可以打

破團隊原有的模式，從直線式轉變為扁平式、網路化，這
將更有助於員工之間的學習和溝通。

此外，透過團隊協調，形成良好的規章制度、文化、
學習環境、認知等，也能顯著提高團隊學習效果。

3. 目標共識

員工必須形成共識、保持正確的心態，才能更好地學
習。團隊目標越是一致，越是能激發員工的學習動力，指
導他們的學習行為，減少失誤。此外，共識也能形成強大
的團隊學習凝聚力，對團隊學習有顯著的影響。

4. 合作共享

團隊內的合作，對團隊員工學習態度和學習行為具有
一定的指導作用，並能影響進步的效果。此外，與合作有
關的學習能力、員工關係、團隊管理流程創新、團隊規模
等因素，都對團隊學習具有影響。

5. 反思探尋

團隊員工的反思探尋，能影響團隊學習過程，主要包
括個人目標、認知、態度、目標取向等因素。

學習過程的反思探尋過程，也是團隊員工不斷增強的
過程，是鞏固員工的重要過程。正是在反思探尋中，員工

不僅能得到新知識、新思想,還能隨著環境變化而變化,並在變化中實現對環境適應能力的增長。

學習的五項修練

學習能改變團隊,也能改變每個人。在學習過程中,需要掌握以下五個方面的修練內容(見圖 8-2)。

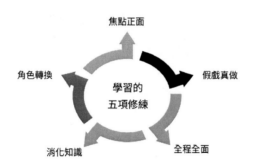

圖 8-2　學習的五項修練

1. 焦點正面

學習是修練,如果學習者不能關注具正面價值的事物,就無法從身邊環境中去發現學習的力量。他們會將精力和時間花在如何挑剔問題、暴露缺陷上。這不僅會讓他們失去寶貴的學習機會,更無法讓他們信任、欣賞和認同

別人，也不可能從別人身上獲取能量。

因此，學習者必須聚焦於正面事物，才能提高自我價值。

▍2. 角色轉換

角色轉換，意味著學習者活在當下。只有在當下每一刻保持學習心態，集中注意力，專注學習目標，學習者才能不斷進步，獲得能力去提升工作業績，提高自我成就，獲得更健康、幸福和美滿的生活。

角色轉換，意味著在學習時，你應忘記自己的成績、頭銜和名譽，轉而讓自己擁有「空杯」心態，能夠虛心了解新知識、接受新觀點。透過「自我放空」，丟掉束縛，緊跟時代變化節奏，保持領先位置。

▍3. 消化落地

在人體運轉中，消化意味著吸收營養、排除毒素，消化運作正常，才能保證身體健康。同樣，學習的重要價值，在於透過對知識的吸收消化，落實學習的價值。

學習中，消化意味著學習者針對導師、前輩和同事的意見、觀點，透過思考，變成自己所擁有的智慧結晶。這需要學習者能積極克服原有的思維，去積極改變，形成自我工作風格。

▌4. 全程全面

看一部電影，沒有人希望遲到。與看電影相比，學習付出的成本更多，能產生的價值更大，學習者更需要全程、全面集中注意力去面對。

▌5. 假戲真做

很多學習過程中，學習者必須進入情境進行實習、培訓和演練，以模擬現實工作環境中可能面對的問題。

在面對上述情形時，學習者應該學會「假戲真做」，能夠全身心投入演練中。只有這樣，學習者才能接受真正的考驗，獲得豐富的經驗，最終提高解決問題的能力。換而言之，未來是否精彩，取決於其學習過程中「假戲真做」所投入的程度。

03

如何放下身段，全身心投入學習中

身處團隊中，從管理者到員工，必須知道學習對於自我成長所發揮的作用。無論何種職業、何種階段，學習已逐漸成為個人和企業發展的有力支持。因此，身為團隊的

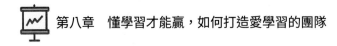

一分子，必須學會放下身段，全身心投入學習中。

　　想要全身心投入學習中，必須具備良好的學習能力。所謂學習能力，是指團隊員工學習態度、學習潛力和終身學習成績的總和，也是衡量一個人的學習投入程度。身處職場中，學習並非意味著要離職，而是在工作過程中、生活細節中就能加以學習，處處留意、主動學習，積極觀察和思索。

　　團隊管理者可以根據下面的標準，觀察下屬是否已經放下身段，擁有了良好的學習能力。

① 保持自身的專業，確保在企業或團隊內處於領先。

② 懂得學習新知識、新方法、新技術，不斷致力於學習和發展。

③ 不斷挑戰自我，設立更高的學習目標。

④ 善於分析和總結成功經驗、失敗教訓。

⑤ 積極利用多種途徑和資源，創造學習機會。

⑥ 保持積極心態，接受他人的幫助、意見或建議。

　　透過上述的分析，整個團隊能更清楚地知道自己的學習狀態，意識到不足和缺陷，從而進一步改變自己學習態度和方法。因為一個人的學習能力就代表了其競爭力，一個團隊也同樣如此，能投入多少精力到學習中，就決定了

他們有怎樣的競爭力。

　　團隊應將學習當成一種習慣。因為思想決定行為，行為決定習慣，習慣決定命運。懂得放下身段，擁有良好的學習習慣，才能讓團隊員工受益終身。團隊員工不想被淘汰，就必須時刻學習。

　　想要做到這一點，團隊應該從上到下養成良好的學習習慣。如圖 8-2 所示，為良好的學習習慣。

　　透過對圖 8-2 所示良好的學習習慣的深入了解，團隊員工可以形成如下方式的學習模式。

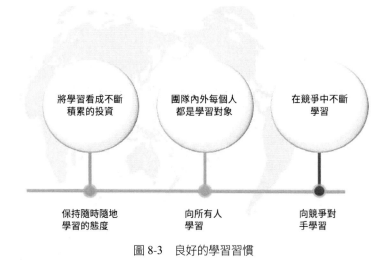

圖 8-3　良好的學習習慣

1. 保持隨時隨地學習的態度

近年來，隨著科技的進步，個人、團隊學習的工具日漸增多，線上的付費課程比比皆是。管理者應將學習看作投資，不僅應為之付出金錢，更應付出時間加以學習，從中吸收重要的知識，結合自身工作，形成獨特的個人知識。同時，學習者不能「三天捕魚，兩天晒網」，不應敷衍，而是應該投入學習、隨時隨地學習。

2. 向所有人學習

團隊員工不只應該向管理者、培訓導師學習，更應該向身邊的人學習，包括優秀的經理、經驗豐富的員工、其他部門的員工等，學習他們專業化、規範化、體系化的知識，以幫助自己提升策劃、管理、培訓和操作的能力，從而提高團隊整體核心競爭力。

3. 向競爭對手學習

團隊管理者應教導員工，想要成為什麼樣的人，就應該和什麼樣的人競爭。

只有不斷地和那些更成功的對手「過招」，團隊員工才能變得更強大。

為此，在團隊內部可以經常舉辦競賽、評選等活動，

激發員工的競爭意識，讓他們互相學習。這樣既可以累積學習資源，也能得到更多鍛鍊，讓整個團隊獲得更快的成長和進步。

04 意識到自己的不足，才能學習進步

每個人都存在著各種固有的觀念和看法，導致個人工作和學習能力出現瓶頸和不足。如果不能及時發現、了解和改變，就無法取得個人與團體的進步。

在團隊成長過程中，人們必須作出困難的決定，著手開始自我改變。管理者應該學會將舊的習慣、舊的缺點拋棄，放下包袱，形成新的態度，學習新的技能。這樣，團隊員工就可以發揮潛能，創造未來。

學習的前提是先要有好心態，如果想學到更多知識、掌握更多能力，就要將自己想像成「空著的杯子」，而不是任由驕傲自滿。團隊中的每個人，都應該及時意識到自己的缺點和問題，以「空杯」心態面對新的挑戰，團隊管理者需要積極培養自身和員工的「空杯心態」。

▌1. 不斷揚棄和否定自我

最可怕的不是茫然，而是驕傲自滿。許多團隊起步之初，面臨著內外競爭壓力，其員工經驗不足，但學習動力十足。隨著業績逐漸提高、資歷逐漸豐富，他們開始滿足，變得不願意繼續深入學習鑽研。

針對這種問題，團隊管理者必須定期讓員工心態歸零，克服自滿情緒，才能更好地學習與工作。員工必須意識到，昨天正確的知識，今天不一定正確；上一次獲得成功的方法，也可能會成為這一次失敗的原因。因此，必須抱有空杯心態去學習。

▌2. 擁抱變化，隨時創新

在團隊中，或許有人對某種工作經驗豐富，或許有人具備高超技術，但他們也並非沒有缺點。對於新的市場環境、客戶對象和服務需求，他們依然需要以新的眼光，去重新整理自己的做法，剔除落後部分，吸收正確、優秀的創新內容。

如果團隊不能積極觀察和擁抱變化，就無法感受和領悟，團隊就只能看似高枕無憂地躺在過去的成功經驗上，最終將導致落後與失敗。

▌3. 投資心態

有人說，花錢學習，實際上就是將價值「裝進」大腦，且沒有別人能將之帶走。可見，學習是一項伴隨終身的投資，團隊管理者應將之看作最安全的投資，這項投資不僅能在團隊上發揮作用，還能跟隨員工個人展現其價值。

05
在團隊中學習，是最好的修練

在團隊工作，每天都是學習的大好機會。但不同的人，對學習的理解是不一樣的。對於許多人而言，學習這個詞，經常和「學校」、「考試」連繫在一起，這樣的錯誤心態，恰恰阻礙了團隊的學習。

想要讓團隊學習氛圍不斷提升，管理者應著重從以下方法入手：

▌1. 消除不良學習反應

在團隊學習環境中，主要存在著以下三種不良學習反應。

（1）盲目學習：由於團隊內可能缺乏必要的概念或指導，員工未能正確理解其學習的意義、目標和作用，缺少了與學習有關的概念，學習就容易陷入盲目。

（2）模糊學習：員工對學習和工作的環境沒有進行觀察、衡量或評估。因此，他們難以分辨各種資訊，也就難以對個人行為作出調整，也就難以進行有效的學習。

（3）未深入學習：由於上述原因，最終導致團隊員工無論進行何種內容、方式的學習，都無法完成學習目標。

實際上，學習並不是簡單地去了解和記住什麼，它是一個過程，更是個人進步的過程，透過實踐行動中發生的改變，將新的想法和目標努力實現，並利用這一過程來改變團隊中的每個人。這種學習性質的修練，可以看作一個循環過程，在團隊每天的日常工作中循環。

2. 循環學習

循環學習，包括四個不同的主要階段。循環學習的四個階段，如圖 8-4 所示。

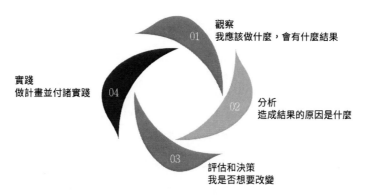

圖 8-4　循環學習的四個階段

（1）觀察

學習者應觀察自己每天的工作，包括我應該做什麼、如何學習與工作等。透過觀察，學習者才能對自身優勢和弱點有所了解，找到努力的方向。

（2）分析

學習者應積極分析自己，了解解決問題的途徑。在此過程中，他們不僅要聽從自己分析的答案，也要聽取他人意見，將這些問題考慮清楚，是對自身修練最有效的幫助。

同時，學習者在分析中要注意以下問題。

① 要關注那些進展不順利的事情，而不是將失敗歸究於外界因素。

② 檢驗學習是否值得投入資源。

251

③ 如果能透過學習提升弱項，就應努力尋求資源並加以利用。

④ 在學習過程中，積極聽取、採納意見。

（3）評估和決策

學習者應該首先評估學習結果，然後決定自己應如何得到結果，不要讓「我無法成功」、「我失敗會很丟臉」、「這也太難了」等觀點阻礙自己。相反，學習者應該想像那些已經成功的人們，並向他們學習。

（4）實踐

在學習過程中，不斷將學到的知識和方法運用在工作中，並從工作中獲取新知識。此時，學習者會進一步了解自己缺少的部分。這樣，學習者又將回到循環學習法的起點，即觀察自己每天的表現，了解自己的優缺點，透過分析、評估和實踐了解不足並學習，獲得更多知識。

懂學習的團隊，才是真正的團隊

企業需要怎樣的團隊？積極上進、品質優先、合作等。但只有懂得學習的團隊，才是真正的團隊。

學習，是團隊發展的重要動力。不會學習，團隊就無法應對複雜的內外環境；不會學習，團隊就會與實際需求脫節；不會學習，團隊就會無法獲得能力提升，導致能力下降……為了取得良好的學習效果，最好的辦法，是將整個團隊打造成懂學習、愛學習的學習型團隊。

團隊想要懂學習，必須解決兩個重要的前置性問題，即學什麼、怎麼學？

1.學什麼

根據大部分團隊的特點，管理者應帶領團隊學習的內容，主要分為兩個部分。

（1）專業能力：包括研發能力、實施能力、保障能力等，這是確保競爭力的關鍵能力。

（2）管理能力：包括市場、行銷、生產、人力等方面的知識和運用。

2.怎麼學

管理者可以在團隊中採用如下的學習方法。

（1）親身示範：管理者具有的一技之長，可以透過展示、傳授、訓練這些技能，對團隊員工進行輔導和指導，透過以身作則來培養學習，如果團隊員工了解自己可以

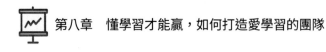

從管理者身上學到什麼，他們就會自然而然地模仿和追隨他。

(2) 集中培訓：管理者可以舉辦定期和不定期的培訓。

(3) 小組學習：團隊管理者可以設計專門的主題，召開團隊討論，並分小組進行學習，形成結果後進行比較分析和借鑑。

(4) 自主學習：管理者可以設計自主學習的制度，提供獎勵，包括表揚、升遷、補貼等，以這些獎勵內容，要求團隊員工自學。

(5) 典型學習：團隊管理者可以委託某位員工，參與學習，完成後，再向傳授其他員工。

很多情況下，儘管團隊管理者能意識到學習的重要性，也能發現團隊員工的能力和知識不足，但學習卻不容易。這是因為學習氛圍的養成並非一朝一夕的事情，需要管理者不斷示範學習方法。只有管理者喜歡學習、善於學習，團隊才能形成學習氣氛，掌握學習方法，最終形成良好的學習文化。

第九章
如何從一線員工到菁英

　　「莫道君行早，更有早行人」在從業者各自職業生涯的起點上，沒有亮麗的履歷，沒有強大的背景，只有普通、枯燥的工作。面對這些，他們秉持著正確的心態，去不斷執著努力，最終成長。

01

善於溝通，才能贏得好機遇

在許多企業，基層員工內心深處都希望老闆能記住自己、賞識自己並重用自己，但卻無法把握溝通的機會。很多員工內心自卑，認為自己過於普通，並非「老闆」的親信。因此，平時敬畏有加，在電梯裡遇到時，緊張得不知如何開口，更不知道怎樣溝通。

勤奮，就像 0，而思考，則像 1。正是透過簡單數字的反覆組合，建構出了一長串的業績。這樣的員工，能在關鍵時刻，憑思考做出正確決定，寫下「1」的起點，然後用更多的「0」，變得越來越富有。

相比之下，世界上還有千萬個看似勤奮但卻又「貧窮」的員工。這些員工的勤奮，停留在表面行動的忙碌上，思考層面卻空無一物。他們也因此只有「0」而沒有「1」。只有行動上的勤奮付出，也有思考上的不斷努力，這樣，他們才能獲得更多的表現機會，成為菁英。

02
勇敢付出，不求一時

現代企業管理學認為，員工業績高低，與其個人能力的關係並非最直接，而是與其工作、行為以及做人處事的態度等因素，有緊密關係。一個人想在所處團隊中有所建樹，就應勇敢堅決地付出行動，並將之作為重要的工作原則。

企業管理者應制定出高效的工作標準，並以此要求員工。同樣，優秀員工所取得的任何成效，也都建立在自身積極行動、對工作認真負責的基礎上。如果你身為員工，對工作具備充足的熱情和信心，並願意努力奮鬥，你就一定會取得出色的業績。而這種業績上升帶來的信心，對員工個人的進步而言，非常重要。

只有憑藉你眼前的一切資源，為企業不斷付出，你才能在企業中找到自己的位置。這將為你帶來充分的機會，獲得他人對你的信任與支持，成為菁英。

03

聚焦重點，養成良好習慣

身為員工，每天都要面對大大小小的工作。不少員工在工作過程中不分主次，只是按部就班地一項項完成。但他們最終很可能會發現，小事沒做好，大事沒做完。更嚴重的是，老闆會忽視這些員工的價值，導致他們失去做更重要工作的機會。

對企業而言，工作是沒有大小的，每一項工作都需要員工努力完成。但對員工個人而言，同時面對的工作是有主次之分的。員工面對所有工作內容，要分清主次，依順序解決最重要的問題。

身為下屬，我們一定要清楚，尊重領導者並不只是表面言行的尊敬，而是要將領導者所重視的工作，作為自己最重視的工作。只有這樣的員工，才是真正分清主次、抓住重點的員工。只有這樣的員工，領導者才會產生可重用的良好印象。當雙方形成和諧融洽的上下關係，必將推動你日後的職業發展。

04
贏得信任，證明自己給老闆看

對大多數人而言，既然進入職場，就免不了利益交換和與人相處。但很多人只是想到利益最大化，卻沒想到與老闆相處的情誼最大化。不少人，在面對同事乃至上司需要的時候，過於計算眼前利益得失。於是，他們面對困難和壓力選擇退縮，面對成果和榮譽又過分積極。這樣的做法，足以讓其無法贏得老闆和同事的認可，建立信任、成為菁英，更是成了一句空話。

良好的人際關係，能讓員工更和諧地融入群體。良好的信任關係，同樣能讓員工更好地和老闆相處。這樣的員工，可以被群體所接納，被老闆所重用，也能讓個人的知識和能力獲得極大拓展，得到與他人充分合作的機會，甚至成為互惠互利的夥伴關係。

05
扎根團隊，真正強大的並不是背景

　　初入職場，新人通常都會在普通職位，從事看似瑣碎不起眼的工作。這是每個人都需要經歷的起步階段。身處其中，心態將決定個人如何成長。如果此時心浮氣躁，覺得才華被埋沒了，就很難在企業中有所進步。相反，如果他懂得調整心態，接受眼前環境，就能為未來的發展鋪好道路。為此，員工應注意以下幾點：

　　首先，保持「空杯」心態。要每天帶著「空杯」工作，讓心態歸零。在職場中，將自己的「杯子」倒得越空，未來能裝下的資源就會越多。相反，越是自以為是的人，越是容易給別人造成膚淺的印象。因此，員工身處企業，首先要做的不是抱怨，而是保持平穩心態，努力上進。

　　其次，保持耐心。無論在哪家企業工作，心態都很重要，心浮氣躁、缺乏耐心，只會讓員工損失更大。任何一家企業，都有缺點，就像世界上有形形色色的人，並不存在絕對完美的人。如果你總是推卸責任，認為企業充滿問題，或者將企業看成跳板。那麼你也很難學到有價值的東西，即便換一個公司，也依然會面對同樣的困惑。

最後，持續學習。職場上，員工需自行摸索，但更需持續學習。身處基層職位，就應不斷觀察和學習同事、上司的正確想法和行為，將之消化吸收，成為自己職業生涯的養分，從而獲得事半功倍的效果。

員工必須從當下做起，從眼前的點滴細節做起，才能持續生長，燦爛開放。

06

目標導向，成為敏捷團隊的「天才」

我們可以學到，在激烈的市場競爭下，優秀的團隊之所以優秀，是由於其管理者擁有積極思維，並能將其運用在工作中，以正面引導的方式帶動員工，讓他們以新的方式去實現目標。

管理者的積極思維，能充分發揮員工的主動性，展現員工的創造性。

管理者如此，員工同樣如此，職場是每個人都必須面對的迷宮，每個人的職業生涯，都要從迷宮起點開始逐步探索，在親身經歷之前，不可能一切都已安排妥當。身為普通員工，必須明確目標、選定方向，才能在職場迷宮中

踏出自己的節奏。

　　樹立目標，員工能實現自我控制和管理。當你樹立工作目標，想要完成自我超越時，內心將產生戰勝並實現目標的力量。在這種情況下，你不需要他人的指令，也會積極主動地做好自己負責的工作，提升個人能力，以更好地實現工作目標。

　　在明確目標之後，員工還要努力培養團隊意識。一些員工往往只關心自己眼前的事情，卻忽略和其他同事相互配合，導致所在團隊效率低下。而當員工實現目標後，就會積極培養個人團隊意識，成為團隊的一員，將自己的目標看作團隊目標的一分子，從而站在團隊的整體角度去考慮問題，以承擔更大的責任，扮演更重要的角色。

電子書購買

爽讀 APP

國家圖書館出版品預行編目資料

執行無界！打破障礙，釋放潛能，從內核到執行的全方位升級：商業變革浪潮中，建構核心競爭力的無限可能 / 沈柏宇 著 . -- 第一版 . -- 臺北市：財經錢線文化事業有限公司 , 2024.03
面；　公分
POD 版
ISBN 978-957-680-812-8(平裝)
1.CST: 企業管理 2.CST: 企業組織 3.CST: 組織管理
494　　　113002710

執行無界！打破障礙，釋放潛能，從內核到執行的全方位升級：商業變革浪潮中，建構核心競爭力的無限可能

臉書

作　　　者：沈柏宇
發 行 人：黃振庭
出 版 者：財經錢線文化事業有限公司
發 行 者：財經錢線文化事業有限公司
E - m a i l：sonbookservice@gmail.com
粉 絲 頁：https://www.facebook.com/sonbookss/
網　　　址：https://sonbook.net/
地　　　址：台北市中正區重慶南路一段六十一號八樓 815 室
Rm. 815, 8F., No.61, Sec. 1, Chongqing S. Rd., Zhongzheng Dist., Taipei City 100, Taiwan
電　　　話：(02) 2370-3310　　傳　　　真：(02) 2388-1990
印　　　刷：京峯數位服務有限公司
律師顧問：廣華律師事務所 張珮琦律師

-版權聲明-

定　　　價：375 元
發行日期：2024 年 03 月第一版
◎本書以 POD 印製
Design Assets from Freepik.com

獨家贈品

親愛的讀者歡迎您選購到您喜愛的書，為了感謝您，我們提供了一份禮品，爽讀 app 的電子書無償使用三個月，近萬本書免費提供您享受閱讀的樂趣。

ios 系統

安卓系統

READERKUTRA86NWK

讀者贈品

請先依照自己的手機型號掃描安裝 APP 註冊，再掃描「讀者贈品」，複製優惠碼至 APP 內兌換

優惠碼（兌換期限 2025/12/30）
READERKUTRA86NWK

爽讀 APP

- 📖 多元書種、萬卷書籍，電子書飽讀服務引領閱讀新浪潮！
- 🎧 AI 語音助您閱讀，萬本好書任您挑選
- 🔍 領取限時優惠碼，三個月沉浸在書海中
- 🔔 固定月費無限暢讀，輕鬆打造專屬閱讀時光

不用留下個人資料，只需行動電話認證，不會有任何騷擾或詐騙電話。